怎样识读建筑装饰装修施工图

（依据最新制图标准编写）

张建新　主编

中国建筑工业出版社

图书在版编目（CIP）数据

怎样识读建筑装饰装修施工图/张建新主编. —北京：
中国建筑工业出版社，2012.10
ISBN 978-7-112-14490-7

Ⅰ. ①怎…　Ⅱ. ①张…　Ⅲ. ①建筑装饰-建筑制图-识别
Ⅳ. ①TU767

中国版本图书馆 CIP 数据核字（2012）第 166902 号

怎样识读建筑装饰装修施工图
（依据最新制图标准编写）
张建新　主编

中国建筑工业出版社出版、发行（北京西郊百万庄）
各地新华书店、建筑书店经销
北京红光制版公司制版
廊坊市海涛印刷有限公司印刷
*
开本：880×1230毫米　1/32　印张：7¾　字数：220千字
2012年11月第一版　2015年4月第二次印刷
定价：**22.00**元
ISBN 978-7-112-14490-7
（22605）

版权所有　翻印必究
如有印装质量问题，可寄本社退换
（邮政编码 100037）

本书根据《房屋建筑室内装饰装修制图标准》(JGJ/T 244—2011)、《房屋建筑制图统一标准》(GB/T 50001—2010)、《总图制图标准》(GB/T 50103—2010)、等现行标准规范编写，主要内容包括装饰装修工程识图基础、装饰装修工程识图技巧以及装饰装修工程施工图识读实例等内容。

本书可供建筑装饰装修工程设计、施工等相关技术及管理人员使用。

＊ ＊ ＊

责任编辑：岳建光　张　磊
责任设计：董建平
责任校对：姜小莲　关　健

编 委 会

主　编　张建新

副主编　张　凯

编　委　(按姓氏笔画排序)

　　　　　牛云博　白雅君　冯义显　杜　岳

　　　　　李冬云　张　敏　张晓霞　杨蝉玉

　　　　　高少霞　隋红军

前 言

建筑装饰装修施工图是在建筑施工图的基础上，结合环境艺术设计的要求，更详细地表达建筑空间的装饰做法及整体效果。在相关施工人员及其岗位能力要求中，怎样看懂装饰装修施工图是其基本技能。近年来，我国建筑装饰装修行业迅猛发展，装饰装修工程设计的水平也不断提高。因此，如何提高装饰装修行业相关人员的专业涵养，是我们迫切需要解决的问题。

最近，住房和城乡建设部重新对相关制图标准进行了修订，最新颁布了《房屋建筑室内装饰装修制图标准》(JGJ/T 244—2011)、《房屋建筑制图统一标准》(GB/T 50001—2010)、《总图制图标准》(GB/T 50103—2010)、《建筑制图标准》(GB/T 50104—2010)、《建筑结构制图标准》(GB/T 50105—2010)等标准。本书根据最新制图标准，详细地讲解了识图方法、步骤与技巧，并配有大量识读实例，具有内容简明实用，重点突出，与实际结合性强等特点。在本书的编写过程中，编者本着严谨负责、实事求是的态度，认真搜集相关内容，并结合多年的实践经验，同时参考了大量最新的文献与资料，力主做到内容充实与全面。另外，在本书的编写和出版过程中，我们得到了许多专家和学者的大力支持与热心帮助，在此，我们深表谢意！

由于编者的学识和经验所限，虽尽心尽力，但仍难免存在疏漏或未尽之处，恳请广大读者批评指正。

编 者

2012.06

目　　录

1 装饰装修工程识图基础

1.1 投影及投影图

1.1.1 投影的基础知识

1. 投影的概念

物体在光线的照射下，会在地面或墙面上产生影子，这种影子只能反映物体的简单轮廓，不能反映其真实大小和具体形状。工程制图利用了自然界的这种现象，将其进行了科学地抽象和概括：假设所有物体都是透明体，光线能够穿透物体，这样得到的影子将反映物体的具体形状，这就是投影。如图 1-1 所示。

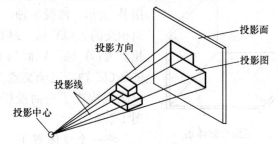

图 1-1　投影图的形成

产生投影必须具备以下条件：

（1）光线——把发出光线的光源称为投影中心，光线称为投影线。

（2）形体——只表示物体的形状和大小，而不反映物体的物理性质。

（3）投影方向、投影面——光线的射向称为投影方向，落影的平面称为投影面。

园林工程制图中，投影法是绘制图纸的最基本理论，运用投影就可以把三维立体形态存在的工程对象，通过平、立、剖等形式以二维平面形式加以解释和表达，以方便园林工程识读。

2. 三个投影面的展开

投影按射线之间的关系，分为中心投影和平行投影两类。

由一个投射中心发出形成的投影即为中心投影。当投射中心无限远，投射线相互平行，这类投影为平行投影。平行投影又分为斜投影和正投影。正投影是当投射线与投影面垂直时所得到的投影。

在工程制图中绘制图样的主要方法是正投影法。

在工程实践中，由于园林中的各个组成要素的形体是复杂的，因此需要从多个方面清晰地了解其形状、结构与构造，以便于识读、预算和施工，所以单面投影是不能够满足工程制图需要的，鉴于上述原因，在工程实践中常常设立三个互相垂直的平面作为投影

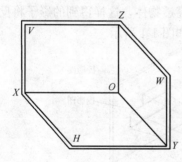

图 1-2　三面投影体系

面，把水平投影面用 H 标记，正立投影面用 V 表示，侧立投影面用 W 表示。两投影轴，H 面与 V 面相交的为 OX 轴，H 面与 W 面相交为 OY 轴，V 面与 W 面相交的是 OZ 轴，三轴交点为原点 O，以此就构成了三面投影体系，如图 1-2 所示。

将一个立体置于三个投影面体系中，并使其表面平行于投影面或垂直于投影面（立体与投影面的距离不影响立体的投影），然后将立体分别向三个投影面进行正投影。

3. 三面投影图的规律

由于作形体投影图时形体的位置不变，展开后，同时反映形体长度的水平投影和正面投影左右对齐——长对正，同时反映形体高度的正面图和侧面图上下对齐——高平齐，同时反映形体宽度的水平投影和侧面投影前后对齐——宽相等，如图 1-3 所示。

"长对正、高平齐、宽相等"是形体三面投影图的规律，无论

2

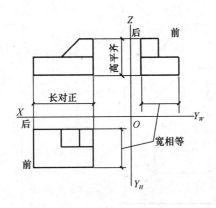

图 1-3　三面投影图的规律

是整个物体还是物体的局部投影都应符合这条规律。

1.1.2　点、直线和平面元素的投影

在几何学中，点、直线与平面是组成形体的最基本的几何元素。因此，如果要掌握形体的投影规律，首先应掌握点、直线与平面的投影规律。

1. 点的投影

（1）点在三投影面体系中的投影

仅有一个投影不能确定形体的形状与大小。一般是将形体放在三投影面体系中进行投影，由三视图来表示形体的空间形状。

如图 1-4（a）所示，空间点 A 分别向三个投影面作正投影，即通过 A 点分别作垂直于 H、V、W 面的三条投射线，投射线与三个投影面的交点，就是 A 点的三面投影。规定投影用相应的小写字母表示，标记为 a、a'、a''，其中 a 是 A 点的水平（H 面）投影；a' 是 A 点的正面（V 面）投影；a'' 是 A 点的侧面（W 面）投影。

移去空间点 A，将投影体系展开，即形成三面投影图，如图 1-4（b）所示。

由图 1-4（a）可知，通过 A 点的各投射线与三条投影轴形成一个长方体，其中相交的边相互垂直，平行的边长度相等。当展开投影面后，点的三面投影之间具有如下投影特性：

3

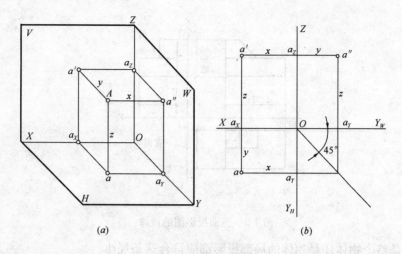

图 1-4　点的三面投影

(a) 立体图；(b) 投影图

1）点的投影连线垂直于投影轴，即

$$aa' \perp OX$$

$$a'a'' \perp OZ$$

$$aa_Y \perp OY_H, a''a_Y \perp OY_W$$

2）点的投影到投影轴的距离等于该空间点到相应投影面的距离，即

$$a'a_X = a''a_Y = Aa$$

$$aa_X = a''a_Z = Aa'$$

$$aa_Y = a'a_Z = Aa''$$

上述两条投影特性便是形体在三视图中投影规律"长对正，高平齐，宽相等"的理论依据。

在三投影面体系中，点的空间位置一般取决于点到三投影面的距离。若点在某投影面上，则点至该投影面的距离为零，其投影与自身重合。而另外两个投影分别位于两条投影轴上。如图 1-5 所示，B 点位于 V 面上，b' 与 B 重合；b、b'' 分别位于 OX 轴与 OZ 轴上。C 点位于 OY 轴上。

由上述点的投影规律可知，点的任何两个投影，均可唯一确

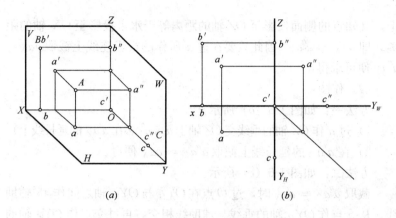

图 1-5　各种位置的点
(a) 立体图；(b) 投影图

定点的空间位置。而且每两个投影之间均具有一定的投影作图规律，因此只要给出点的两个投影，便可求出其第三个投影。

【例】　已知 A 点的两面投影 a、a'，求其第三投影 a''，如图 1-6（a）所示。

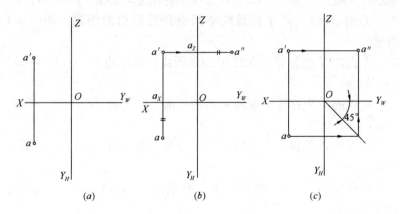

图 1-6　求 A 点的侧面投影
(a) 已知条件；(b) 作图方法一；(c) 作图方法二

【解】

（1）分析：由点的投影规律可得知，点的正面投影与侧面投影的连线垂直于 OZ 轴，所以 a'' 必在过 a' 且垂直于 OZ 轴的投影连线上。又知点的侧面投影至 OZ 轴的距离等于水平投影至 OX 轴的距离，即 $aa_X = a''a_Z$。因此只要在过 a' 所作的投影连线上截取 $aa_X = a''a_Z$ 便可求得 a''。

（2）作图：

方法一：如图 1-6（b）所示。

1）过 a' 作 OZ 轴的垂线交 OZ 轴于 a_Z（a'' 必在 $a'a_Z$ 的延长线上）。

2）在 $a'a_Z$ 的延长线上截取 $a''a_Z = aa_X$ 便可。

方法二：如图 1-6（c）所示。

截取 $a''a_Z = aa_X$ 时，过 O 点在 OY_H 与 OY_W 轴之间作 45°辅助线，从 a 点作 OY_H 轴的垂线与辅助线相交，再过交点作 OY_W 轴的垂线，与 $a'a_Z$ 的延长线相交，即得 a'' 点。

在图 1-6（b）、（c）的作图过程中，a_X、a_Z 均不需标注。

（2）点的投影与直角坐标

如果将三投影面体系看做空间直角坐标系，则 H、V、W 投影面即为坐标面，OX、OY、OZ 投影轴便是坐标轴，O 点即为坐标原点。空间点的位置可以由其三维坐标决定，标记为 A（X，Y，Z），点的 X、Y、Z 坐标反映空间点到投影面的距离，如图 1-4 所示。

A 点的 X 坐标等于点到 W 面的距离，也就是 $X_A = O_{Ax} = aa_Y = a'a_Z = Aa''$。

A 点的 Y 坐标等于点到 V 面的距离，也就是 $Y_A = O_{aY} = aa_X = a''a_Z = Aa'$。

A 点的 Z 坐标等于点到 H 面的距离，也就是 $Z_A = O_{Az} = a'a_X = a''a_Y = Aa$。

由此得 A 点三个投影的坐标分别为 $a(X_A, Y_A)$，$a'(X_A, Z_A)$，$a''(Y_A, Z_A)$。

（3）两点的相对位置

1）空间两点相对位置的判断：空间两点的相对位置，可以在投影图中由两点的同面投影（即同一投影面上的投影）来判断。

在投影图中，常用两点对三个投影面的坐标差（或者距离差），来确定两点间的相对位置。如图 1-7 所示，比较 A、B 两点的坐

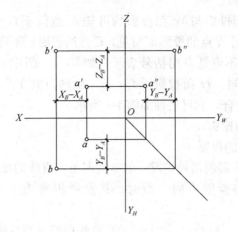

图 1-7 两点的相对位置

标，B 点在 A 点之左 $X_B - X_A$、在 A 点之前 $Y_B - Y_A$、在 A 点之上 $Z_B - Z_A$，也就是 B 点位于 A 点左、前、上方。

2）投影面的重影点：如果两点在对投影面的同一条投射线上，则在该投影面上此两点的投影会互相重合，这两点就称为对该投影面的重影点。重影点有两个坐标值相同，一个坐标值不同。根据投射的方向确定坐标值大的点为可见点，坐标值小的点则为不可见点。

如图 1-8 所示为一四棱柱，分析指定点的投影得知，A、C 两点的 X、Z 坐标相同，其 V 面投影重合，A、C 两点是对 V 面的重

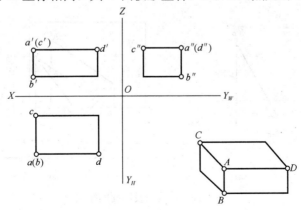

图 1-8　重影点

影点。由 H 面投影与 W 面投影均可知 A 点位于 C 点的正前方，即 $Y_A > Y_C$，则 A 点的投影 a' 可见，C 点的投影 c' 不可见。在 V 面投影中，规定不可见点用括号表示，如 (c')；图中 A、B 两点的 X、Y 坐标相同，H 面投影重合；A、D 两点的 Y、Z 坐标相同，W 面的投影重合，其可见性如图 1-8 所示。

2. 直线的投影

（1）直线的投影

1）直线投影的两种情况：通常情况下，直线的投影仍为直线。但是当直线与投射方向一致时，其投影积聚为一点。如图 1-9 所示。

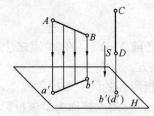

图 1-9　直线的投影

2）直线与投影面的倾角：直线与投影面的倾角是指空间直线与其在该投影面内投影间的夹角，如图 1-10（a）中 α 角。直线与 H、V、W 投影面之间的倾角，分别用 α、β、γ 表示，如图 1-10（b）所示。

3）直线投影的画法：直线的投影可以由直线上任意两点的同面投影相连获得。如图 1-11（a），首先作出端点 A、B 的三面投影 a、a'、a'' 与 b、b'、b''。然后将其同面投影分别用直线相连，即可得出直线 AB 的三面投影，如图 1-11（b）所示。

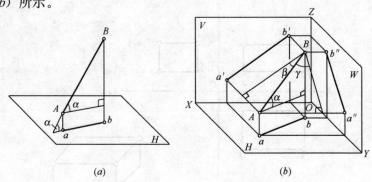

(a)　　　　　　　　　(b)

图 1-10　直线与投影面的倾角

（a）直线与 H 投影面的倾角；（b）直线与三投影面的倾角

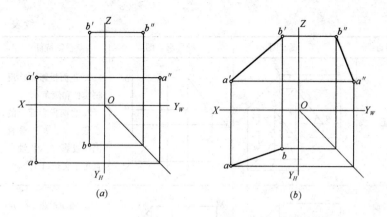

图 1-11 直线投影的画法

(a) 给出直线上两个点投影；(b) 画出直线的投影

(2) 各种位置直线及其投影特征

1) 空间直线与投影面的相对位置与名称

① 倾斜线：与各个投影面都倾斜的直线。

② 平行线：平行于一个投影面，与另两个投影面倾斜。

③ 垂直线：垂直于一个投影面，与另两个投影面平行。

平行线与垂直线统称为特殊线，倾斜线称为一般线。

2) 特殊位置直线的投影特征

① 平行线：平行线中平行 H 面的直线称为水平线；平行 V 面的直线称为正平线；平行 W 面的直线称为侧平线。各种平行线的投影特征见表 1-1。

投影面平行线   表 1-1

直线	直 观 图	投 影 图	投影特征
水平线			1. 水平投影 ab 反映实长和倾角 β、γ 2. 另两投影面上的投影 ($a'b'$, $a''b''$) 垂直同一投影轴 (Z 轴)，且小于实长 AB

9

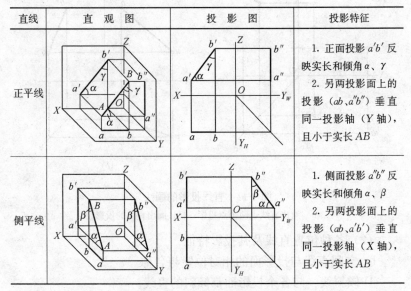

直线	直 观 图	投 影 图	投影特征
正平线			1. 正面投影 $a'b'$ 反映实长和倾角 α、γ 2. 另两投影面上的投影（ab、$a''b''$）垂直同一投影轴（Y 轴），且小于实长 AB
侧平线			1. 侧面投影 $a''b''$ 反映实长和倾角 α、β 2. 另两投影面上的投影（ab、$a'b'$）垂直同一投影轴（X 轴），且小于实长 AB

从表 1-1 中可以归纳出平行线投影特征如下：

a. 平行线在其平行投影面上的投影反映实长，并且投影与投影轴的夹角，即是表示该直线与相应投影面的倾角。

b. 平行线在另外两个投影面上的投影小于实长，但是垂直相应的投影轴。

② 垂直线：垂直线根据其垂直投影面的不同可以分为：铅垂线（垂直于 H 面）、正垂线（垂直于 V 面）、侧垂线（垂直于 W 面）三种。各种垂直线的投影特征见表 1-2。

投影面垂直线　　　　　表 1-2

直线	直 观 图	投 影 图	投影特征
铅垂线			1. 水平投影积聚成一点 a（b） 2. 另两投影面上的投影（$a'b'$、$a''b''$）平行同一投影轴（Z 轴），且等于实长 AB

直线	直 观 图	投 影 图	投 影 特 征
正垂线			1. 正面投影积聚成一点 $a'(b')$ 2. 另两投影面上的投影（ab、$a''b''$）平行同一投影轴（Y 轴），且等于实长 AB
侧垂线			1. 侧面投影积聚成一点 $a''(b'')$ 2. 另两投影面上的投影（ab、$a'b'$）平行同一投影轴（X 轴），且等于实长 AB

从表 1-2 中可以归纳出垂直线的投影特征如下：

a. 垂直线在其垂直的投影面上投影具有积聚性。

b. 其余两投影都反映直线实长，并且平行相应的投影轴。

3）倾斜线的投影：从图 1-10（b）及图 1-11（b）中可看出倾斜线投影特征如下。

① 倾斜线的各个投影都不反映实长，并且比实长缩短。

② 倾斜线的各个投影都与投影轴倾斜，并且都不反映直线与投影面的倾角。

一般位置直线的倾斜状态虽然千变万化，但是直线在空间的走向有两种，如图 1-12（a）、图 1-13（a）所示。

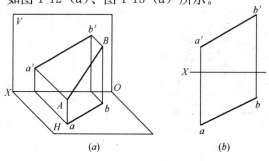

(a)　　　　　　(b)

图 1-12　上行直线

（a）直观图；（b）投影图

a. 上行直线：即离开观察者而逐渐升高的直线。即直线上的两端点近观察者的一端点低于另一端点时为上行直线。其投影特征为：正面投影与水平投影同向，如图1-12（b）所示。

b. 下行直线：即离开观察者而逐渐降低的直线。即直线上的两端点近观察者的一端点高于另一端点时为下行直线。其投影特征为：正面投影与水平投影反向，如图1-13（b）所示。

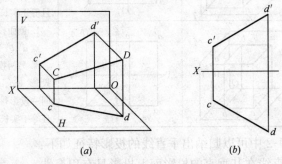

图 1-13 下行直线
(a) 直观图；(b) 投影图

（3）直线上的点

1）直线上点的投影：当点在直线上，则点的投影必然要满足点与直线的从属性与等比性，如图1-14（a）、(b) 所示。

① 点在直线上，则点的各个投影一定在该直线的同面投影

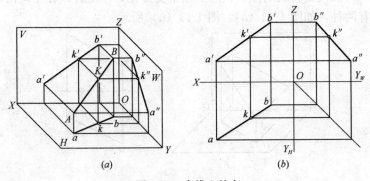

图 1-14 直线上的点
(a) 立体图；(b) 投影图

12

上；反之，点的各个投影在直线的同面投影上，那么该点一定在直线上（满足从属性）。

② 点分割线段成定比，那么分割线段的各个同面投影之比等于其线段之比（满足等比性）。

即：$AK : KB = ak : kb = a'k' : k'b' = a''k'' : k''b''$

2）直线的迹点：直线与投影面的交点称为迹点。其中直线与 H 投影面的交点称为水平迹点，用 M 表示；直线与 V 投影面的交点称为正面迹点，用 N 表示，如图 1-15（a）所示。

迹点的基本特征为：

① 迹点即是直线上的点，因此它的投影在直线的同面投影上。

② 迹点是投影面上的点，因此它在该投影面上的投影与其本身重合，而另一投影则在投影轴上。

根据迹点的基本特征，可以求作已知直线的迹点，如图 1-15（b）、（c）所示。

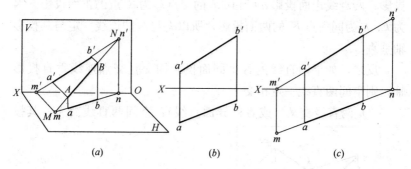

图 1-15　直线的迹点
（a）直观图；（b）已知直线的投影；（c）求直线迹点的投影

（4）两直线的相对位置

空间两直线的相对位置有平行、相交和交叉三种情况，其投影特征分述如下：

1）两直线平行：如图 1-16 所示，如果两直线在空间平行，其各个同面投影一定平行；反之，如果各个同面投影平行，则空间两直线也一定平行。这点可由平行投影特征得出。

2）两直线相交：如果两直线的空间相交，其各个同面投影一

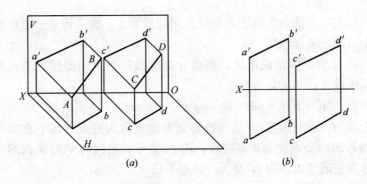

图 1-16　两直线平行

(a) 直观图；(b) 投影图

定相交，且交点连线必垂直相应投影轴。

如图 1-17 所示，AB、CD 为空间相交的两直线，其交点 K 是两直线的共有点。两直线水平投影 ab、cd 的交点 k 为 K 点的水平投影；两直线正面投影 $a'b'$ 和 $c'd'$ 的交点 k' 为 K 点的正面投影。因为 k、k' 为同一点 K 的两面投影，所以 k 与 k' 的连线一定与其投影轴垂直。

反之，如果两直线的各个同面投影相交且交点连线垂直投影轴，则空间两直线一定相交。

3）两直线交叉（或者称异面直线）：空间两直线交叉，其投

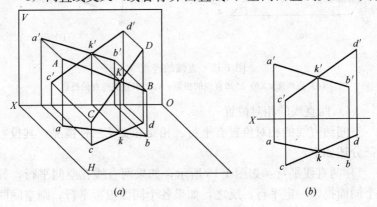

图 1-17　两直线相交

(a) 直观图；(b) 投影图

14

影既不符合平行线的投影特征，也不符合相交直线的投影特征。

由图 1-18 可知：两直线同面投影可以相交，但是其投影产生的交点不是空间两直线交点的投影，而分别为两直线上两个点的重影。

交叉直线上重影点可见性的判别，主要是根据其坐标的大小判定。如图 1-18（b）中 1、2 两点，因 $1'$ 到 OX 轴的距离大于 $2'$ 到 OX 轴的距离，所以 1 为可见点，2 为不可见点。

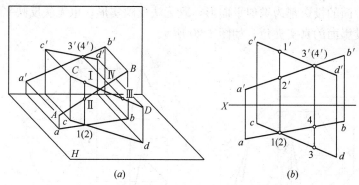

(a)　　　　　　(b)

图 1-18　两直线交叉

（a）直观图；（b）投影图

3. 平面的投影

（1）平面的投影

当平面平行于投影面时，投影仍是一平面，形状、大小与平面一致；当平面垂直于投影面时，投影则积聚为一直线；当平面倾斜于投影面时，投影为类似平面形，但是不反映实形，如图 1-19

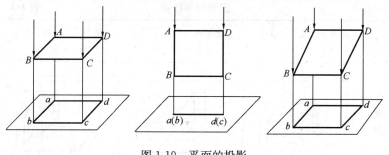

图 1-19　平面的投影

15

所示。

（2）平面与投影面的相对位置

根据平面对投影面的相对位置不同，可以分为三种情况：与三个投影面均倾斜的平面、与任一投影面平行或者垂直的平面（分别称为投影面平行面与投影面垂直面）。前一种称为一般位置平面，后两种则称为特殊位置平面。

1）一般位置平面：空间平面对三个投影面均倾斜，则在三个投影面的投影都为类似平面形，既无法反映实形，也无法反映平面对投影面的真实夹角，如图1-20所示。

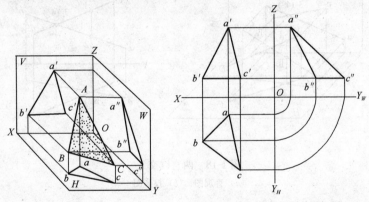

图1-20　一般位置平面

2）投影面平行面：平面平行于一个投影面，垂直于其他两个投影面，称为投影面平行面。投影面平行面可以分为三种，见表1-3。

投影面平行面　　　　　　　　　　　　　　　　表1-3

名称	水平面（平行于H，垂直于V、W）	正平面（平行于V，垂直于H、W）	侧平面（平行于W，垂直于V、H）
直观图			

16

名称	水平面（平行于 H，垂直于 V、W）	正平面（平行于 V，垂直于 H、W）	侧平面（平行于 W，垂直于 V、H）
投影图			
投影特性	在所平行的投影面上的投影反映实形；另外两个投影面上的投影积聚成直线，且分别平行于相应的投影轴		
判别	一框两直线，定是平行面；框在哪个面，平行哪个面（投影面）		

① 水平面：平面平行于 H 面，垂直于 V、W 面。

② 正平面：平面平行于 V 面，垂直于 H、W 面。

③ 侧平面：平面平行于 W 面，垂直于 V、H 面。

下面以水平面为例，说明其投影特性。

平面平行于 H 面，在 H 面投影可以反映实形；垂直于 V、W 面，投影为水平线，分别平行于 OX 轴与 OY_W 轴。

正平面、侧平面的投影特性，读者可自行阅读判断。

3）投影面垂直面：平面垂直于一个投影面，倾斜于其他两个投影面，称为投影面垂直面。投影面垂直面可以分为三种，见表1-4。

投影面垂直面　　　　表 1-4

名称	铅垂面（垂直于 H，倾斜于 V、W）	正垂面（垂直于 V，倾斜于 H、W）	侧垂面（垂直于 W，倾斜于 V、H）
直观图			

名称	铅垂面（垂直于 H，倾斜于 V、W）	正垂面（垂直于 V，倾斜于 H、W）	侧垂面（垂直于 W，倾斜于 V、H）
投影图			
投影特性	在所垂直的投影面上的投影积聚成一斜直线，另外两个投影面上的投影为与该平面类似的封闭线框		
判别	两框一斜线，定是垂直面；斜线在哪面，垂直哪个面（投影面）		

① 铅垂面：平面垂直于 H 面，在 H 面积聚成一直线，在 V、W 面投影为类似平面形，但是形状缩小。

② 正垂面：平面垂直于 V 面，在 V 面积聚成一直线，在 H、W 面投影为类似平面形，但是形状缩小。

③ 侧垂面：平面垂直于 W 面，在 W 面积聚成一直线，在 V、H 面投影为类似平面形，但是形状缩小。

下面以铅垂面为例，说明其投影特性。

平面垂直于 H 面，在 H 面积聚为直线，与水平线的夹角反映了平面对 V 面的夹角 β，与垂直线夹角反映了平面对 W 面的夹角 γ。

正垂面、侧垂面投影特性，读者可自行阅读判断。

1.1.3 形体投影

形体各异的建筑形体均可以看作是由一些简单的几何体组成。为方便研究，根据其表面的形状不同，将基本形体分为平面体与曲面体两种。

建筑形体均是具有三维坐标的实体，任何复杂的实体均可以看成是由一些简单的基本形体组合而成。因此研究建筑形体的投影，首先应研究组成建筑形体的那些基本形体的投影。常见的基本形体中，平面体主要有棱柱、棱锥、棱台等，曲面体主要有圆柱、圆锥、圆球、圆环等。如图1-21所示的柱和基础是由圆柱体、四棱台与四棱柱组成，而图中的台阶是由两个四棱柱与侧面的五棱柱组成。

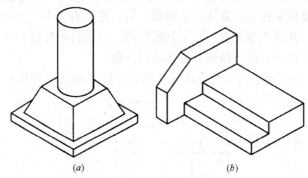

图 1-21　建筑形体

（a）柱与基础；（b）台阶

1. 平面体投影

基本形体的表面是由平面围成的形体称为平面体，也可称为平面几何体。在建筑工程中，多数构配件是由平面几何体构成的。

根据各棱体中各棱线间的相互关系，可分为棱柱体与棱锥体两种（图1-22）。棱柱体是各棱线相互平行的几何体，如正方体、长方体及棱柱体等；棱锥体是各棱线或者其延长线交于一点的几何体，如三棱锥、四棱台等。

（1）棱柱体

棱柱体是指由两个互相平行的多边形平面，其余各面均是四边形，并且每相邻两个四边形的公共边都互相平行的平面围成的形

四棱柱　　　　　　　　四棱锥　　　　　　　五棱柱

图 1-22　几种常见的平面立体

19

体。常见的棱柱体有三棱柱、五棱柱与六棱柱等。

1）四棱柱

四棱柱又称为长方体，是由前、后、左、右、上、下六个平面构成的，并且相互垂直。对于其投影图，只要按照投影规律画出各个表面的投影，便可得到长方体的投影图。

图 1-23 所示为某长方体的三面投影图。根据长方体在三面投

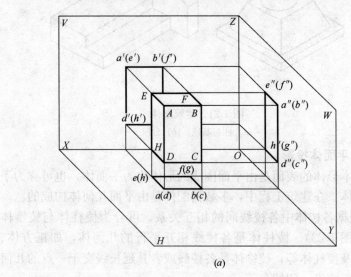

(a)

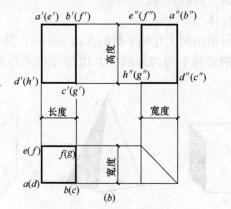

(b)

图 1-23　长方体的投影

(a) 立体图；(b) 投影图

20

影体系中的位置，底面与顶面平行于 H 面，则在 H 面的投影反映实形，且相互重合。前后面、左右面垂直于 H 面，其投影积聚成直线，构成长方形的各条边。

由于前后面平行于 V 面，在 V 面的投影反映实形，并且重合。由于左右侧面平行于 W 面，在 W 面的投影反映实形，且相互重合。而前后面、顶面、底面与 W 面垂直，其投影积聚成直线，构成 W 面四边形各边。

从长方体的三面投影图上可知：正面投影反映长方体长度 L 与高度 H，水平投影反映长方体的长度 L 与宽度 B，侧面反映棱柱体的宽度 B 与高度 H。

长方体形体特征分析：

① 上、下底面是两个全等的正六边形，且为水平面。

② 六个棱面是全等的矩形，与 H 面垂直，前后两个棱面是正平面。

③ 六条棱线相互平行且相等，且垂直于 H 面，其长度等于棱柱的高。

2）五棱柱

正五棱柱的投影如图 1-24 所示。由图可知，在立体图中，正五棱柱的顶面与底面是两个相等的正五边形，均为水平面，其水平投影重合并且反映实形；正面与侧面的投影重影为一条直线，棱柱的五个侧棱面，后棱面为正平面，其正面投影反映实形，水平与侧面投影为一条直线；棱柱的其余四个侧棱面为铅垂面，其水平投影分别重影为一条直线，正面与侧面的投影均为类似形。

五棱柱的侧棱线 AA_0 为铅垂线，水平投影积聚成一点 $a(a_0)$，正面与侧面的投影均反映实长，即 $a'a'_0 = a''a''_0 = AA_0$。底面与顶面的边及其他棱线可进行类似分析。

根据分析结果，作图时，由于水平面的投影（即平面图）反映了正五棱柱的特征，因此应先画出平面图，再根据三视图的投影规律作出其他两个投影，即正立面图与侧立面图。其作图过程如图 1-25 （a）所示。应特别注意的是，在这里加了一个 45°斜线，它是按照点的投影规律作的。也可按照三视图的投影规律，根据方位关

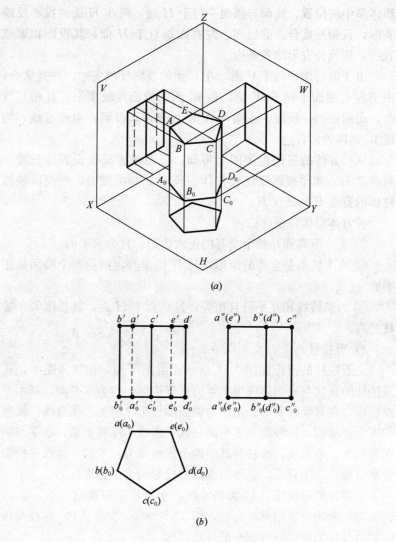

图 1-24　正五棱柱的投影

(a) 立体图；(b) 三视图

系，先找出"长对正，高平齐，宽相等"的对应关系，然后再作
图，如图 1-25（b）所示。

（2）棱锥体

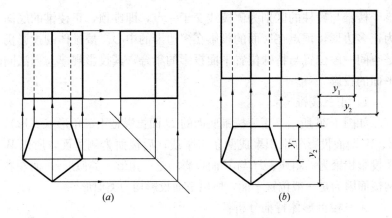

图 1-25　正五棱柱投影的作图过程

(a) 点的规律；(b) 三视图的规律

棱锥由一个底面与若干个三角形的侧棱面围成，并且所有棱面相交于一点，称为锥顶，常记为 S。棱锥相邻两棱面的交线称为棱线，所有的棱线均交于锥顶 S。棱锥底面的形状决定了棱线的数目，例如底面是三角形，则有三条棱线，称为三棱锥（图 1-26）；底面为五边形，则有五条棱线，称为五棱锥。

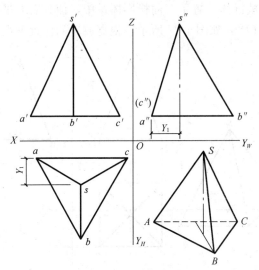

图 1-26　正三棱锥的投影图

棱锥与棱柱的区别为侧棱线交于一点,即锥顶,正棱锥的底面为正多边形,顶点在底面的投影在多边形的中心。棱锥体的投影仍是空间一般位置与特殊位置平面投影的集合,其投影规律与方法同平面的投影。

1)正三棱锥

如图 1-26 所示,正三棱锥底面的 H 面投影是正三角形(真形),V、W 两面投影分别积聚成两条水平线;后棱面为侧垂面,所以 W 面投影积聚为一斜线,H 与 V 面投影均是三角形(类似形);而左右两棱面因为是一般位置平面,所以三面投影均为类似形。

正三棱锥形体特征分析:

① 正三棱锥一共有四个面,因此又可称为四面体,其中底面为水平面。

② 三个棱面是全等的等腰三角形,其中后面的棱面为侧垂面,其他为一般位置平面。

③ 三条棱线交于锥顶,三条棱线的长度相等,其中前面的棱线是侧平线。

2)四棱锥

将正四棱锥体放置于三面投影体系中,使其底面平行于 H 面,且 $ab /\!/ cd /\!/ OX$,如图 1-27 所示。根据放置的位置关系,正四棱锥

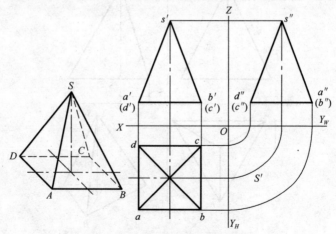

图 1-27 正四棱柱的三面投影

体的底面在 H 面的投影反映实形，锥顶 S 的投影在底面投影的几何中心上，H 面投影中的四个三角形分别是四个锥面的投影。

棱锥面 $\triangle SAB$ 与 V 面倾斜，在 V 面的投影缩小。$\triangle SAB$ 与 $\triangle SCD$ 对称，因此它们的投影相互重合，由于底面与 V 面垂直，其投影是一直线。棱锥面 $\triangle SAD$ 和 $\triangle SBC$ 与 V 面垂直，投影积聚为一斜线。W 面与 V 面投影方法一样，投影图形相同，只是反映的投影面不同。

（3）棱台体

用平行于棱锥底面的平面切割棱锥之后，底面与截面间剩余的部分称为棱台体。截面与原底面称为棱台的上、下底面，其余各个平面称为棱台的侧面，相邻侧面的公共边称为侧棱，上、下底面间的距离为棱台的高。棱台分别有三棱台、四棱台及五棱台等。图 1-28 所示为四棱台空间位置与投影。

2. 曲面体投影

简单曲面体有圆柱、圆锥及球等。由于曲面体的曲面是由直线或者曲线绕定轴回转而成，因此这些曲面体又称为回转体。如图 1-29 所示，图中的固定轴线称为回转轴，动线称为母线。

（1）圆柱体的投影

圆柱体由圆柱面与两个圆形的底面所围成。

圆柱体的底面与顶面均是水平圆，水平投影反映了该圆的实形，而正面投影则积聚为两根水平线，如图 1-30 所示。圆柱面可以看成由一条直线绕与它平行的轴线旋转而成。圆柱面上与轴线平行的直线称为圆柱面的素线。母线上任意一点的轨迹即是圆柱面的纬圆。

实际上，圆柱面上没有任何线，所有的素线均是想象出来的。侧面投影与正面投影的原理相同。圆柱面为铅垂面，因此其水平投影被积聚成一个圆。

在圆柱体表面上取点，可以利用圆柱表面的积聚性投影来作图。

如图 1-31（a）所示，在圆柱体左前方表面上有一点 K，其侧面 k'' 在水平中心线上的半个圆周上。水平投影 k 在矩形的下半边，

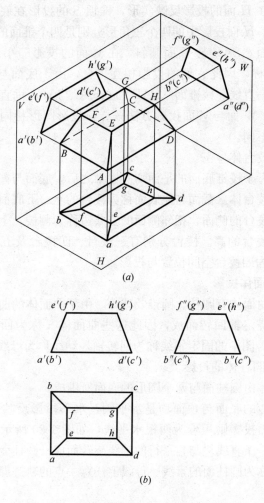

图 1-28 四棱台的投影

(a) 直观图；(b) 投影图

并且可见。正面投影 k' 也在矩形的上半边，仍可见。

若已知点 K 的正面投影是 k'，如图 1-31 (b) 所示，求其他两投影时，可以利用圆柱的积聚投影，先过 k' 作 OZ 轴的垂线，与侧面投影上半个圆交于 k''，即是点 K 的侧面投影，再利用已知点的两面投影求出点 K 的水平投影 k。

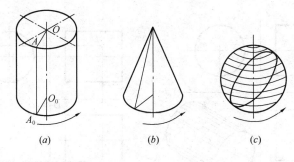

图 1-29　回转体的形式

(a) 圆柱体；(b) 圆锥体；(c) 圆球体

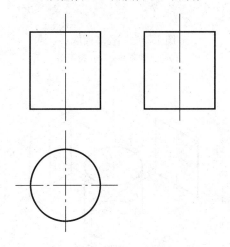

图 1-30　圆柱体的投影

【例】　试根据图 1-32 求作圆柱体三视图。

【解】

如图 1-33 所示，当圆柱体的轴线为铅垂线时，圆柱面所有的素线均是铅垂线，在平面图上积聚为一个圆，圆柱面上所有的点与直线的水平投影，均在平面图的圆上；其正立面图与侧立面图上的轮廓线为圆柱面上最左、最右、最前、最后轮廓素线的投影。

如图 1-33 (c) 所示，圆柱体投影图的作图步骤如下：

① 作圆柱体三面投影图的轴线与中心线，然后由直径画水平投影圆；

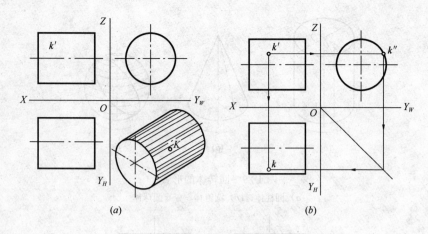

图 1-31 圆柱表面取点

(a) 已知条件；(b) 投影图

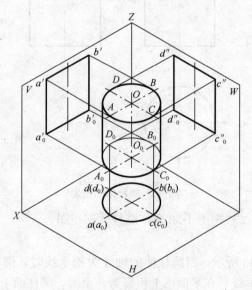

图 1-32 圆柱体作图分析

② 由"长对正"与高度作正面投影矩形；

③ 由"高平齐，宽相等"作侧面投影矩形。

(2) 圆锥体的投影

圆锥体由圆锥面与底面围成。圆锥体的底面是水平圆，水平投

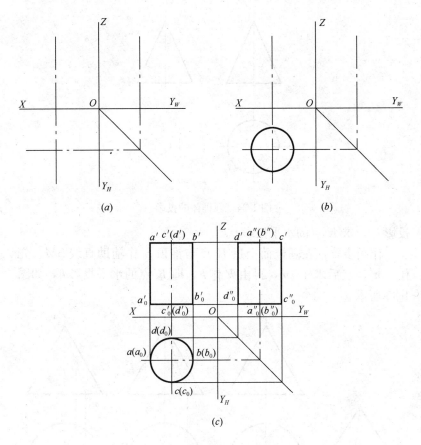

图 1-33　圆柱体的投影作图

(*a*)、(*b*) 已知条件；(*c*) 作图步骤

影反映了该圆的实形，侧面是光滑的圆锥面，可看成是无数条相交于顶点的素线组成。正面投影面中的两根斜线是圆锥最左边与最右边的两根素线，称为转向轮廓线。侧面投影面中也有两根转向轮廓线，是圆锥最前面与最后面的两根素线。圆锥体的投影如图 1-34 所示。

　　根据圆锥面的形成规律，在圆锥表面上取点有辅助直线法与辅助圆法两种。

　　1）辅助直线法。图 1-35 (*b*) 中，已知圆锥面上 *K* 点的正面

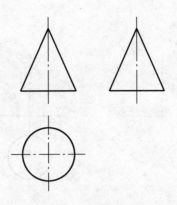

图 1-34　圆锥体的投影

投影 k'，求 K 点的水平投影 k。

作图步骤：在圆锥面上过 K 点与锥顶 S 作辅助直线 SM：先作 $s'm'$，然后求出 sm，再由 k' 作 k，即 K 点的水平投影 k，如图 1-35 所示。

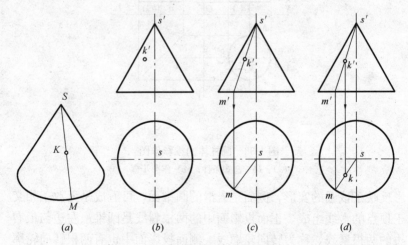

图 1-35　用辅助直线法在圆锥面上取点

（a）作直线 SM；（b）已知条件；（c）作 $s'm'$；（d）由 k' 作 k

2）辅助圆法。辅助圆法就是在圆锥表面上作垂直圆锥轴线的圆，使该圆的一个投影反映圆的实形，而其他投影为直线。图1-36（b）中，已知圆锥表面上 K 点的正面投影 k'，求 K 点的水平投

影 k。

　作图步骤：在圆锥表面上作一圆，过 k' 点作水平直线，然后作圆的水平投影，再由 k' 作出 k，即为 K 点的水平投影 k，如图 1-36 所示。

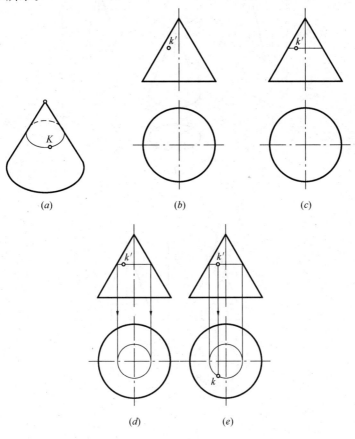

图 1-36　用辅助圆法在圆锥面上取点
(a) 作点 K；(b) 已知条件；(c) 过 k' 点作水平直线；
(d) 作圆的水平投影；(e) 由 k' 作出 k

【例】　如图 1-37 (a) 所示，求作圆锥体的投影图。

【解】

如图 1-37 (a) 所示，当圆锥体的轴线为铅垂线时，其正立面

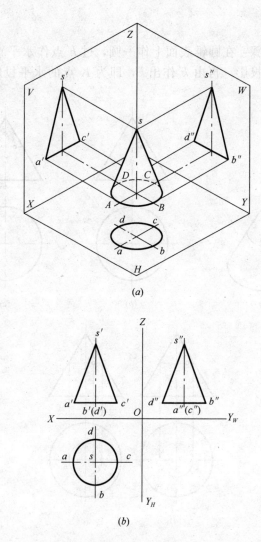

图 1-37 圆锥体的投影图

(a) 直观图；(b) 投影图

图与侧立面图上的轮廓线为圆锥面上最左、最右、最前、最后轮廓
素线的投影。圆锥体的底面是水平面，水平投影是圆，另两个投影
积聚为直线。

如图 1-37 (b) 所示，圆锥体的投影作图步骤如下：

① 首先画出圆锥体三面投影的轴线与中心线，然后由直径画出圆锥的水平投影图；

② 由"长对正"与高度作底面及圆锥顶点的正面投影，并且连接成等腰三角形；

③ 由"宽相等，高平齐"作侧面投影等腰三角形。

（3）圆球体的投影

圆球体由一个圆球面组成，球体是圆绕其轴线旋转一周而形成的。圆周上每一个点的运动轨迹均是一个圆，这些圆称为纬圆，其实，圆柱与圆锥的表面上也存在无数连续的纬圆，它们均是回转体。

如图 1-38 所示，圆球体可以看成由一条半圆曲线绕与它的直径作为轴线的 OO_0 旋转而成。母线、素线与纬圆的意义均是一样的。

球体从任何方向看均是圆，所以球的三面投影都是圆，如图 1-39 所示，但是三个圆的意义不同，水平投影上的圆代表从上至下最大的一个纬圆的投影，正面投影上的圆代表从前到后最大的一个纬圆的投影，侧面投影上的圆则代表从左至右最大的一个纬圆的投影。用任意一个平面去切割球体，都能获得一个圆。

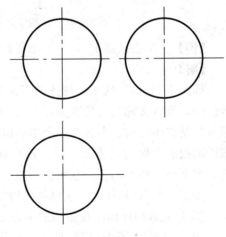

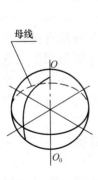

图 1-38　圆球体
　　的形成

图 1-39　球体的投影

在圆球表面上取点，可以利用平行于任一投影面的辅助圆作图。

图 1-40 中，已知圆球表面上一点 K 的正面投影（k'），求 k 与 k''。

作图步骤为：首先在正面投影中，过（k'）作水平直线 $m'n'$（圆的正面投影），然后在水平投影中以 o 为圆心，$m'n'$ 为直径画圆，在此圆上作 k，最后由 k 与（k'）即可作出 k''。

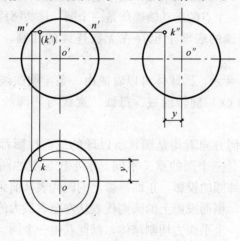

图 1-40　在圆球面上取点

【例】　试根据图 1-41（a）求作圆球体的投影图。

【解】

如图 1-41（a）所示，球体的三面投影均是与球的直径大小相等的圆，所以又称为"三圆为球"。V 面、H 面与 W 面投影的三个圆分别是球体的前、上、左三个半球面的投影，后、下、右三个半球面的投影分别与之重合，三个圆周代表了球体上分别平行于正面、水平面与侧面的三条素线圆的投影。

如图 1-41（b）所示，圆球体的投影作图步骤如下：

① 首先画圆球面三投影圆的中心线；

② 以球的直径为直径画三个等大的圆，即各个投影面的投影圆。

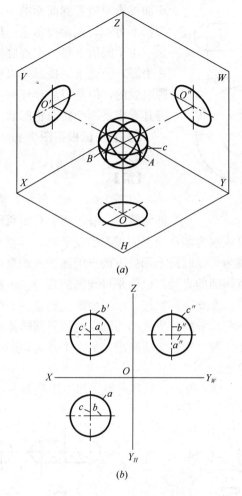

图 1-41　圆球体的投影图

（a）球的作图分析；（b）投影图

（4）圆环的投影

以圆周为母线，绕位于圆周所在的平面内、并且不与圆周相交或者相切的轴线旋转一周，形成的回转面称为环面，如图 1-42 所示。

环体的投影相对比较复杂，水平投影只能看到上面的一半，

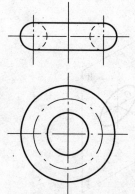

图 1-42 圆环

正面投影只能看到前面的一半的外圈，其余都不可见，侧面投影也一样。

由于圆周上每一个点旋转一周后均是一个圆，因此水平投影可以看成是无数的圆组成的，但是只能看到两个圆，也可以将其看成是两个转向轮廓圆。

【例】 试根据图 1-43（a）求作圆环的投影图。

【解】

如图 1-43（a）所示，圆环的正面投影为最左、最右两个素线圆和与该圆相切的直线，其素线圆为圆环面正面投影的轮廓线，其直径等于母线圆的直径；直线为母线圆最上和最下的点的纬圆的积聚投影，其投影长度等于该点纬圆的直径，也就是母线圆的直径。侧面投影与正面投影分析相同，在此不再赘述。水平面的投影是三个圆，其直径分别是圆环上下两部分的分界线的纬圆，也就是回转体的最大直径纬圆与最小直径纬圆，用粗实线画出，另一个圆为点画线画出，是母线圆圆心的轨迹。

如图 1-43（b）所示，圆环的投影作图步骤如下：

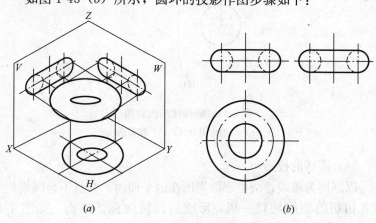

图 1-43 圆环的投影
(a) 作图分析；(b) 投影图

① 首先画出三个视图的中心线的投影（细点画线）；

② 再画出各个投影面的投影圆；

③ 作出正面投影与侧面投影的切线，并且将不可见部分用虚线画出。

1.1.4　组合体投影

1. 组合体的组成方式

组合体按照其组成方式可以分为叠加、切割与混合三种类型。

（1）叠加型：各基本体之间用堆积与叠加的方式构成组合体，如图 1-44（a）所示的物体可以看成由两个四棱柱和一个三棱柱叠加而成的。

（2）切割型：从一个基本体中挖出或切出另一基本体或其一部分构成的组合体，如图 1-44（b）所示的物体可看成是由一四棱柱切去一圆柱与三棱柱形成的。

（3）混合型：组合体的构成方式中，既有叠加、又有切割，称为混合型，如图 1-44（c）所示。

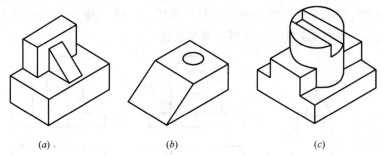

(a)　　　　　　　(b)　　　　　　　(c)

图 1-44　组合体的组成方式

(a) 叠加；(b) 切割；(c) 混合

2. 组合体表面间的相对位置

组合体表面间的相对位置主要有以下几种情况：

（1）平齐与不平齐

1）当组合体上两基本形体的表面不平齐时，在图内应有线隔开。如图 1-45 所示的机座模型，它是由带圆孔的长方体与长方体底板叠加而成的，其分界处画图时应该有线隔开成两个线框，如图 1-45（c）所示。若中间漏线如图 1-45（b）所示，就成为一个连续表面，因此是错误的。

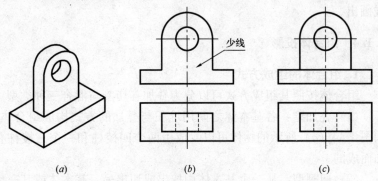

图 1-45　叠加时表面不平齐
(a) 立体图；(b) 错误的投影图；(c) 正确的投影图

　　2）当组合体两基本形体的表面平齐时，中间不应该有线隔开，图 1-46（a）所示两个基本形体的前、后表面是平齐的，成为一个完整的平面，这样便不存在分界线。因此，图 1-46（b）中 V 投影（主视图）多画了图线，是错误的。

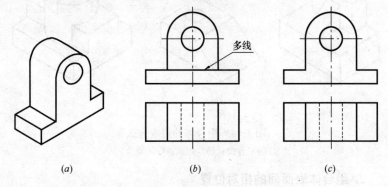

图 1-46　叠加时表面平齐
(a) 立体图；(b) 错误的投影图；(c) 正确的投影图

　　（2）相切：当组合体上两基本体之间为表面相切时，在相切处为光滑过渡，无分界线，所以不画线，如图 1-47 所示。

38

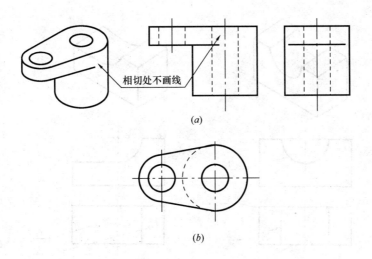

相切处不画线

(a)

(b)

图 1-47　立体图相切时的画法

(a) 立体图；(b) 投影图

3. 组合体投影图的识读

（1）读图的基本知识

1）明确投影图中线条与线框的含义。看图时根据正投影法原理，正确分析投影图中各种图线与线框的含义，这里的线框指的是投影图中由图线围成的封闭图形。

① 投影图中的点，可能是一个点的投影，也可能是一条直线的投影。

② 投影图中的线（包括直线与曲线），可能是一条线的投影，也可能是一个具有积聚性投影的面的投影。如图 1-48 (a) 中的 2 表示的是半圆柱面与四边形平面的交线，1 表示的是半圆孔的积聚性投影，3 表示的是正平面图形，5 表示的是一个半圆孔面。

③ 投影中的封闭线框，可能是一个平面或是一个曲面的投影，也可能是一个平面与一个曲面构成的光滑过渡面，如图 1-48 (b) 中 4 表示的是一个四边形水平面，6 表示的是圆弧面与四边形构成的光滑过渡面。

④ 封闭线框中的封闭线框，可能是凸出来或者凹进去的一个面或者是穿了一个通孔，要注意区分它们之间的前后高低或相交等

39

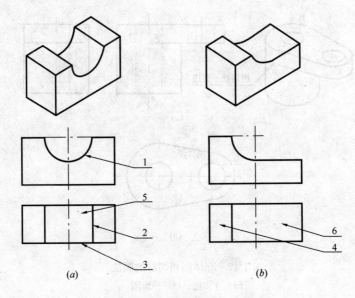

图 1-48　组合体中的图线和线框

(a) 投影图中的线；(b) 投影中的封闭线框

的相互位置关系。如图 1-49 中小的封闭线框，在图 1-49（a）表示凹进去的一个平面，在图1-49(b)所示的是凸出来的一个平面，

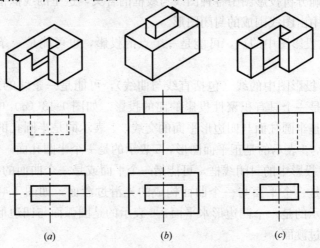

图 1-49　表面之间的相互位置

(a) 凹平面；(b) 凸平面；(c) 通孔

40

在图 1-49（c）中则表示的是穿了一个通孔。

2）看图的注意要点

① 要将几个投影联系起来看。一般一个投影不能确定形体的形状和相邻表面之间的相互位置关系，如图 1-49 所示中的 H 投影均相同，但是表示的不是同一个形体。有时，两个投影也不能确定唯一一个形体，如图 1-50 所示中的 H 投影与 V 投影均相同，但是 W 投影不同，则表达的形体不相同。由此可见，必须将几个投影联系起来看，反复对照，切忌只看了一个投影就妄下结论。

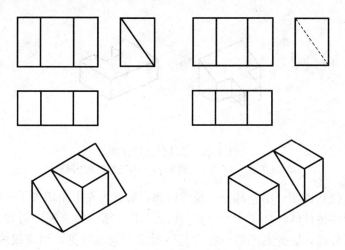

图 1-50　两个投影不能确切表示某一组合体举例

② 要从反映形状特征的投影开始看起。看图时通常从 V 投影看起，了解形体的大部分特征，这样，识别形体就相对容易了。根据正投影规律，弄清楚各投影之间的投影关系，将几个投影结合起来，便能识别形体的具体形状。

（2）读图方法和步骤：读图的基本方法可以概括为形体分析法与线面分析法两种。

1）形体分析法：在一组视图中，根据形状特征相对明显的视图，将其分为若干基本体，并且想象出各部分的形状，然后按它们的相互位置，综合想象出整体，这种方法称之为形体分析法。

【例】　根据如图 1-51（a）所示的三视图，想象出形体的形状。

【解】

（1）分析：按正立面图与平面图的特征，该组合体宜分为左右两部分，如图 1-51（b）所示。

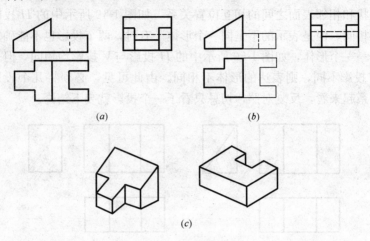

（a）三视图；（b）分左右两部分；（c）分别想象空间形状

图 1-51　形体分析法读图

（2）读图：由左部分三视图得知，形状为左上角切去了一块的凸形体棱柱体，如图 1-51（c）所示。由右部分的三视图得知，因左部分高，因此右半部分在左侧立面图中为不可见，用虚线画出。又因为右部凹口宽度与左部凸块部分的宽度相等，所以凹口在左侧立面图上的虚线，正好与凸块的实线重合。于是可知右部分为凹形柱体，如图 1-51（c）所示。

最后，将左右两部分形状综合起来，想象出整体形状。

2）线面分析法：线面分析法是以线、面的投影规律为基础，根据形体视图中的某些棱线与线框，分析它们的形状与相互位置，从而想象出它们围成部分的形状。这种分析法常在形体分析法读图感到相对困难时采用，以帮助想象形体的整体形状。

利用线面分析法读图，必须掌握视图中每条图线及每个线框的含义。

图线一般表示为投影有积聚性的平面、面与面的交线以及曲面体的轮廓条件，如图 1-52（a）所示。

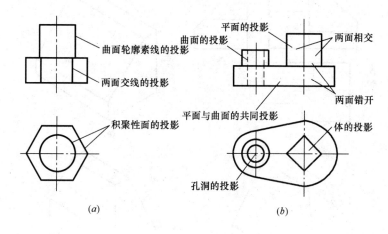

图 1-52　视图中线和线框的含义

(a) 线的含义；(b) 线框的含义

线框通常表示为一个投影为实形或者类似形的平面、一个曲面、形体上一个孔洞或者坑槽，如图 1-52（b）所示。

【例】　根据如图 1-53（a）所示三视图，想象出形体的空间形状。

【解】

（1）分析：由视图中可知，正立面图与平面图的外形是长方形线框，内部图线较多，左侧立面图的外形为五边形。该体为切割组合体，其原基本体应为五棱柱体，如图 1-53（b）所示。可采用线面分析法读图。

（2）读图

1）正立面图左上缺一角，平面图右前有一长方形缺口。判断此五棱柱左上端被一斜面截切，右前方切去了一个长方形缺口。

2）画线框，对视图，确定平面的形状与位置。把三个线框的三视图都标出。平面图中的线框 a，正立面图中线框 b' 以及左侧立面图中由虚线围成的线框 c''，如图 1-53（a）所示。根据线框 A 的三视图，在正立面图中积聚成一倾斜直线，说明线框 A 为一正垂

43

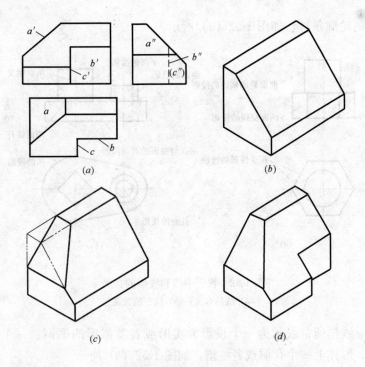

图 1-53 线面分析法读图

(a) 三视图;(b) 原形轴测图;(c) 切去左上角;(d) 切去右前角,得整体形状

面;线框 B 在平面图中积聚成一直线,该平面为正平面;线框 C 在平面图中也积聚成一直线,该面为侧平面。

3)综合起来想象整体。通过对三个线框的分析,可知该形体的左上方切去一角,形状如图 1-53 (c) 所示。右前角切去一个四棱柱块,整体形状如图 1-53 (d) 所示。

1.1.5 轴测投影

1. 轴测投影的基本概念

(1)轴测投影的形成

根据平行投影的原理,将形体连同确定其空间位置的三条坐标轴 OX、OY、OZ 一起沿着不平行于这三条坐标轴的方向,投影至新投影面 P 上,所获得的投影称为轴测投影。

（2）轴测投影的有关术语

1）轴测投影面

在轴测投影中，投影面 P 称为轴测投影面。

2）轴测轴

三条坐标轴 OX、OY、OZ 的轴测投影 O_1X_1、O_1Y_1、O_1Z_1，称为轴测轴，画图时，规定将 O_1Z_1 轴画成竖直方向，如图 1-54 所示。

3）轴间角

轴测轴之间的夹角，即 $\angle X_1O_1Z_1$、$\angle X_1O_1Y_1$、$\angle Y_1O_1Z_1$，称为轴间角。

4）轴向变形系数

轴测轴上某段与它在空间直角坐标轴上的实长之比，称之为轴向变形系数。即 $p=O_1A_1/OA$，称 OX 轴向变形数；$q=O_1B_1/OB$，称 OY 轴向变形数；$r=O_1C_1/OC$，称 OZ 轴向变形系数。轴间角与轴向变形系数决定轴测图的形状与大小，是画轴测投影图的基本参数。

（3）轴测投影的分类

根据投影方向与轴测投影面的相对位置可以分为两大类：

1）正轴测投影

当轴测投射方向垂直于轴测投影面 P 时，获得的轴测投影称为正轴测投影。

2）斜轴测投影

当轴测投射方向倾斜于轴测投影面 P 时，获得的轴测投影称为斜轴测投影。

根据轴向变形系数是否相等，两类轴测图又可分为三种：

①正（或斜）等轴测图（$p=g=r$）。

②正（或斜）二轴测图（$p=q\neq r$ 或 $p=r\neq q$ 或 $p\neq q=r$）。

③正（或斜）三轴测图（$p\neq q\neq r$）。

上述类型中，由于三轴测投影作图相对比较繁琐，因此很少采用，这里仅介绍常用的正等轴测图、正面斜二轴测图的画法。

（4）轴测投影的特性

1）直线的轴测投影通常仍为直线；互相平行的直线其轴测投影仍互相平行；直线的分段比例在轴测投影中保持不变。

2）与坐标轴平行的直线，轴测投影后其长度可以沿轴量取；与坐标轴不平行的直线，轴测投影后便不可沿轴量取，只能先确定两端点，然后再画出该直线。

（5）轴测投影图的画法

1）进行形体分析且在形体上确定直角坐标系，坐标原点一般设于形体的角点或者对称中心上。

2）选择轴测图的种类与合适的投影方向，确定轴测轴以及轴向变形系数。

3）根据形体特征选择合适的作图方法，常用的作图方法包括：坐标法、叠加法、切割法及网格法等。

① 坐标法。利用形体上各顶点的坐标值画出轴测图的方法。

② 叠加法。先将形体分解成基本形体，再逐一画出每一基本形体的方法。

③ 切割法。先将形体看成是一个长方体，再逐一画出截面的方法。

④ 网格法。对于曲面立体先找出曲线上的特殊点，过这些点作平行于坐标轴的网格线，获得这些点的坐标值，然后将这些点连接起来的方法。

4）画底稿，并且检查底稿加深图线。

2. 正等轴测图

投射方向垂直于轴测投影面，且参考坐标系的三根坐标轴对投影面的倾斜角均相等，在这种情况下画出的轴测图称之为正等轴测图，简称正等测。

（1）正等轴测图的画图参数

可以证明，正等轴测图的轴间角均相等，即 $\angle X_1O_1Z_1 = \angle X_1O_1Y_1 = \angle Y_1O_1Z_1 = 120°$，各轴向变形系数 $p=q=r \approx 0.82$。为作图简便，习惯上简化为1，即 $p=q=r=1$，作图时可直接按形体的实际尺寸量取。这种简化了轴向变形系数的轴测投影比实际的轴测投影放大了 1.22 倍，如图 1-54 所示为正四棱柱的正等轴测图。

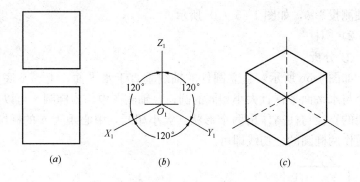

图 1-54　正等轴测投影图

(a) 正四棱柱投影图；(b) 画轴测轴；(c) $p=q=r\approx 0.82$

(2) 基本立体正等轴测图画法

1) 正六棱柱

① 分析

如图 1-55 所示，正六棱柱的前后、左右对称，将坐标原点定在上底面六边形的中心，以六边形的中心线为 X_0 轴与 Y_0 轴。这样便于直接作出上底面六边形各顶点的坐标，从上底面开始作图。

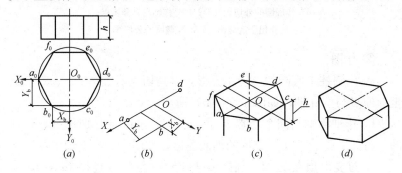

图 1-55　正六棱柱的正等轴测图画法

(a) 步骤一；(b) 步骤二；(c) 步骤三；(d) 步骤四

② 作图

a. 定出坐标原点以及坐标轴，如图 1-55 (a) 所示。

b. 画出轴测轴 OX、OY，由于 a_0、d_0 在 X_0 轴上，可以直接量取并且在轴测轴上作出 a、d。根据顶点 b_0 的坐标值 X_b 与 Y_b，定出

47

其轴测投影 b，如图 1-55（b）所示。

2）圆柱

① 分析

如图 1-56 所示，直立圆柱的轴线垂直于水平面，上、下底为两个与水平面平行且大小相同的圆，在轴测图中均为椭圆。可以根据圆的直径与柱高作出两个形状、大小相同，中心距为 h 的椭圆，然后作两椭圆的公切线即可。

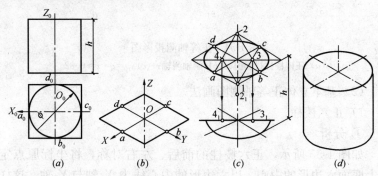

图 1-56　圆柱的正等轴测图画法
（a）作底圆的外切正方形；（b）作轴测轴和切点；
（c）作出下底椭圆；（d）作椭圆的公切线

② 作图

a. 作圆柱上底圆的外切正方形，得到切点 a_0、b_0、c_0、d_0，定坐标原点与坐标轴，如图 1-56（a）所示。

b. 作轴测轴与四个切点 a、b、c、d，过四点分别作 X、Y 轴的平行线，得到外切正方形的轴测菱形，如图 1-56（b）所示。

c. 过菱形顶点 1、2，连接 $1c$ 与 $2b$ 得交点 3，连接 $2a$ 与 $1d$ 得交点 4。1、2、3、4 各点即为作近似椭圆四段圆弧的圆心。以 1、2 为圆心，$1c$ 为半径作圆弧；以 3、4 为圆心，$3b$ 为半径作圆弧，即是圆柱上底的轴测椭圆。把椭圆的四个圆心 1、2、3、4 沿 z 轴平移高度 h，作出下底椭圆（下底椭圆看不见的一段圆弧不需画出），如图 1-56（c）所示。

d. 作椭圆的公切线，擦去作图线，描深，如图 1-56（d）

48

所示。

（3）组合体正等轴测图画法

【例】 已知形体的三面投影，如图 1-57（a）所示，采用切割法绘制其正等轴测图。

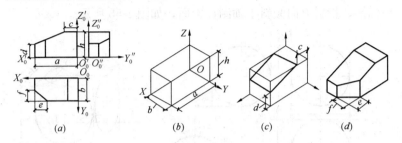

图 1-57　切割体的正等轴测图画法
（a）定坐标原点及坐标轴；（b）作出长方体的轴测图
（c）定出斜面上线段端点的位置，连成平行四边形
（d）定出左下角斜面上线段端点的位置，连成四边形

【解】

1）分析

对于图 1-57（a）所示的形体，可以采用切割法作图。将形体看成是一个由长方体被正垂面切去一块，然后再由铅垂面切去一角而形成。对于截切之后的斜面上与三根坐标轴均不平行的线段，在轴测图上不能直接从正投影图中量取，必须按照坐标作出其端点，然后再连线。

2）作图

① 定坐标原点以及坐标轴，如图 1-57（a）所示。

② 根据给出的尺寸 a、b、h 作出长方体的轴测图，如图 1-57（b）所示。

③ 倾斜线上不能直接量取尺寸，只可沿与轴测轴相平行的对应棱线量取 c、d，定出斜面上线段端点的位置，并且连成平行四边形，如图 1-57（c）所示。

④ 根据给出的尺寸 e、f，定出左下角斜面上线段端点的位置，并且连成四边形。擦去作图线，描深，如图 1-57（d）所示。

3. 正面斜二轴测图

正面斜二轴测图是斜二轴测图的一种。它比较适合于正平面形状较复杂或者具有圆与曲线时的形体。

正面斜二轴测图的轴测投影面 P（用 V 面代替）平行于一个坐标面，投射方向倾斜于轴测投影面，如图 1-58 所示。

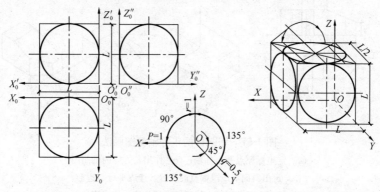

图 1-58　正面斜二轴测的轴间角和轴向伸缩系数

（1）轴间角与轴向伸缩系数

由于 $X_0O_0Z_0$ 坐标面平行于 V 面，其正面斜轴测投影反映实形，因此轴测轴 OX、OZ 分别是水平方向和铅垂方向，轴间角 $\angle XOZ=90°$，轴向伸缩系数 $p=q=1$。OY 轴的轴变形系数与轴间角间无依从关系，可以任意选择。一般选择 OY 轴与水平方向成 $45°$，$q=0.5$ 作图较为方便，通常适用于正立面形状较为复杂的形体。

（2）正面斜二轴测图画法

【例】　以图 1-59 所示立体说明正面斜二轴测图的画法。

【解】

（1）分析在正面斜二轴测图中，轴测轴 OX、OZ 分别为水平线与铅垂线，OY 轴根据投射方向确定。若选择由右向左投射，如图 1-59（b）所示，台阶的某些表面被遮或者显示不清楚，而选择由左向右投射，台阶的每个表面均能表示清楚，如图 1-59（c）所示。

（2）作图步骤如图 1-59（c）、（d）所示，画轴测轴 OX、OZ、

OY，然后画出台阶的正面投影实形，过各个顶点作 OY 轴平行线，并且量取实长的一半（$q=0.5$）画台阶的轴测图，然后再画出矮墙的轴测图。

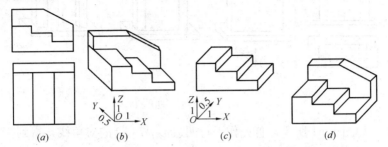

图 1-59 台阶的正面斜二轴测图画法

（a）已知条件；（b）确定投射方向；（c）作图步骤一；（d）作图步骤二

【例】 作拱门的正面斜二轴测图，如图 1-60 所示。

【解】

（1）分析轴测投影面 XOZ 反映拱门正面投影的实形，作图时应当注意 OY 轴方向各部分的相对位置及可见性。

（2）作图

1）画轴测轴，OX、OZ 分别为水平线与铅垂线，OY 轴由左向右或者由右向左投射绘制的轴测图效果相同。首先画底板轴测图，并且在底板上量取 $Y_1/2$，定出拱门前墙面位置图，画出外形轮廓立方体。

2）按照实形画出拱门前墙面及 OY 轴方向线，并且由拱门圆心向后量取 1/2 墙厚，定出拱门在后墙面的圆心位置。

3）完成拱门正面斜二轴测图，注意只需画出拱门后墙面可见部分图线。

（3）圆的斜二测投影（八点法）

正面斜二轴测投影是与正立面（XOZ 坐标面）平行的，因此正平圆的轴测投影仍然是圆，而水平圆与侧平圆的轴测投影则为椭圆。作椭圆时，可以借助于圆的外接正方形的轴测投影，定出属于椭圆上的八个点。

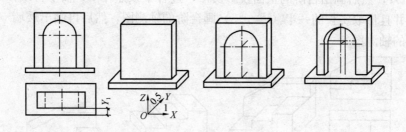

图 1-60　正面斜二轴测图

如图 1-61 所示，首先作平行四边形 ABCD 的对角线，得到交点 O。过 O 点作两直线分别平行 AB、BC，得到交点 1、2、3、4，即圆与外切正方形的四个切点。过 B、2 两点作 45°线交于 M，以 2 为圆心，2M 为半径画圆弧，并且与 AB 相交得到两个交点 F、G，过这两个交点作线平行于 BC，与对角线相交于 5、6、7、8。把此八点用平滑曲线连接起来，即为所求椭圆。

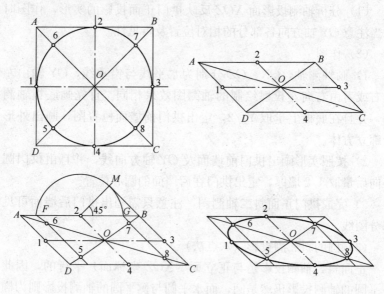

图 1-61　八点法作椭圆

52

1.2 建筑形体的表达方法

1.2.1 视图

1. 基本视图

三视图在工程实际中通常不能满足需要。对于某些物体，需要画出从物体的下方、后方或者右侧观看而获得的视图。就是增设三个分别平行于 H、V 与 W 形面的新投影面 H_1、V_1 与 W_1，六面投影系如图 1-62 所示。

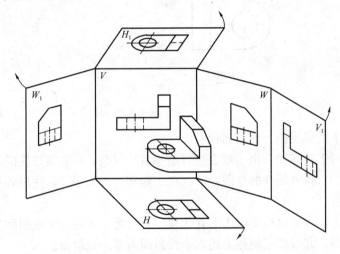

图 1-62 六个基本视图的投影系

从下向上、从后向前与从右向左观看时所获得的视图，分别称之为底面图、后立面图与右侧立面图。这样，一共可得到六个投影图或者六个视图。然后把它们都展平到 V 面所在的平面上，便可得到如图 1-63 所示的六个视图。

通常情况下，若六个视图能在一张图纸内且按图 1-63 所示的位置排列时，则不必注明视图的名称。若不能按图 1-63 配置视图时，则应当标注出视图的名称，如图 1-64 （b）所示。按照图 1-64 （a）所示的方式命名的视图也称之为向视图，一般用 A、B、C

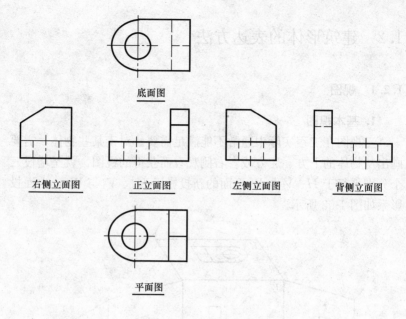

底面图

右侧立面图　　　正立面图　　　左侧立面图　　　背侧立面图

平面图

图 1-63　　六个基本视图

……来代替视图下面的名称。

　　对于建筑物，由于被表达对象相对较复杂，一般很难在同一张图纸上安排开所有的视图，所以在工程实际中均需要标注出各视图的图名。

　　为了区别以后要引入的其他视图，特将上述的六个视图称为基本视图，并且相应地称上述六个投影面为基本投影面。

2. 辅助视图

（1）局部视图

　　将物体的某一部分向基本投影面投影所获得的视图，称为局部视图。

　　局部视图一般注有字母，如图 1-65 中的"B"字，箭头表示它的观看方向。而图 1-66（a）中的平面图也是局部视图，因为该平面图的观看方向与排列位置与基本视图的投影关系一致，所以此处可省略标注。

　　国家标准规定局部视图断裂处的边界线用波浪线表示，如图

54

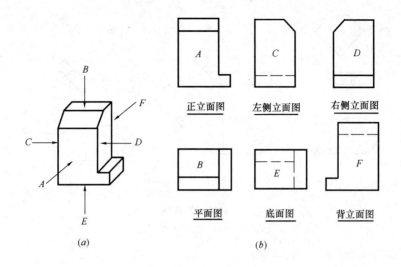

图 1-64 投影和视图

(a) 空间状态；(b) 六个基本视图

1-66 所示的平面图。当所表示的局部结构是完整的，并且外轮廓线又成封闭时，则省略波浪线，如图 1-65 所示的 A 向与 B 向视图。

（2）斜视图

向不平行于任何基本投影面的平面观看物体，所获得的反映倾斜部分实形的视图，称之为斜视图。如图 1-65 中的 A 向视图，因所显示部分有轮廓边界，因此

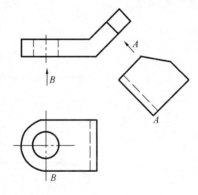

图 1-65 局部视图

也省略了波浪线。斜视图的布置与标注有三种方式，如图 1-66 中所示，图 1-66（c）中的弯曲箭头表示旋转一个角度。

局部视图与斜视图也都属于向视图。

3. 旋转视图

假想将物体的倾斜部分旋转至与基本投影面平行后，再投射获

55

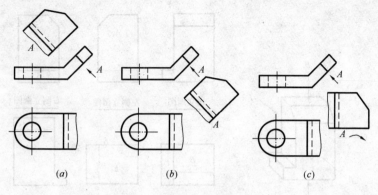

图 1-66 斜视图

(a) 方式一；(b) 方式二；(c) 方式三

得的视图，称之为旋转视图。

如图 1-67 所示，物体的右方倾斜部分旋转至水平位置后，这时平面图便能反映右侧倾斜平面的实形了。注意，正立面图仍要保持原来位置。

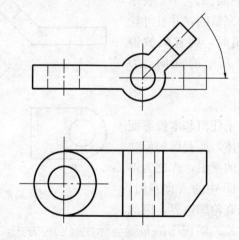

图 1-67 旋转视图

图 1-68 所示为房屋视图的综合举例，图中除了画出房屋的诸视图外还画出了指北针。工程图样中习惯将房屋的大致朝向称为某向立面图，代替前述的正、背、侧等立面图名称。

56

图 1-68 中房屋的东南立面图为一个斜视图，因按东南方向投射所获得的视图倾斜于基本投影面，但是用"东南"两字已表明了投射方向，所以可省略箭头。

图 1-68 中房屋的西立面图是一局部视图，并且都写上了反映方向的图名，所以也不必画表示投射或观看方向的箭头。

图 1-68 中房屋南立面图的右端为房屋的右方朝向西南的立面，按照旋转法旋转、展开后所获得的视图，图中省略了旋转方向的标注。

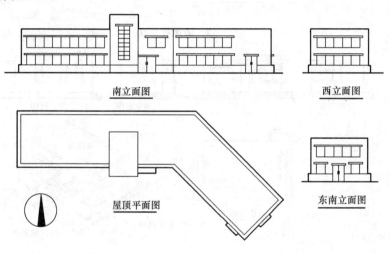

南立面图　　　　　　　　　　西立面图

屋顶平面图　　　　　　　　东南立面图

图 1-68　房屋的视图

4. 镜像视图

新标准中介绍了镜像图示法，即假想将镜面放于物体的下面，代替水平投影面，在镜面中反射所得到的图像，称为"平面图（镜像）"。它与一般投影法绘制的平面图是有所不同的，即原应画虚线的现在变为实线了，如图 1-69 所示。

1.2.2　剖面图

1. 剖面图的形成

某传达室的多面正投影图及其轴测图如图 1-70 所示，我们无法去

57

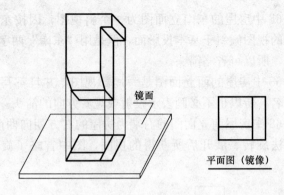

图 1-69　镜像投影法

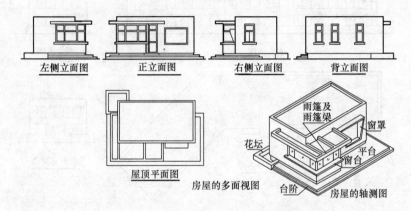

图 1-70　某传达室的多面正投影图及其轴测图

看房屋的底面，所有能够看到的五个面的正投影都画出来了。但是，屋内有几个房间，面积多大，屋内空间有多高等问题却无法得知。

可见，前面所讲的视图，只能将物体的外形表达清楚，当物体的内部有空腔，而且形状较为复杂时，虚线多了就会层次不清，很难将复杂的内部构造与形状表达清楚。

解决这个问题的最佳办法是假想将形体剖开，让它的内部构造"展现"出来，使看不见的部分变为看得见，然后用实线画出这些内部构造的投影图，称为剖面图（简称剖面）。

现有一小房屋如图 1-71 所示。设想用一个水平面在窗台之上把房屋切开，搬走上面部分，如图 1-72 所示，将保留部分向水平

58

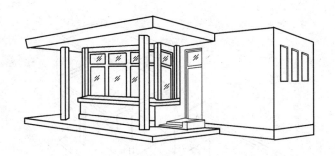

图 1-71 小房屋（透视图）

面作出投影图，这便是房屋的平面图。

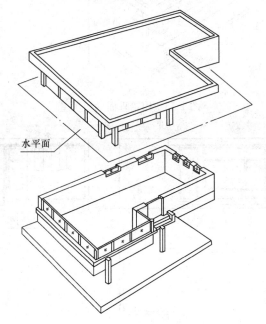

水平面

图 1-72 用水平面剖切房屋

　　同理，设想用一个铅垂面在需要的位置将房屋切开，搬走一部分，将保留部分向某侧投影面作出投影图，这便是房屋的剖面图，如图 1-73 所示。

　　保留某个立面图（正立面），一般简称它们为平、立、剖面图，如图 1-74 所示。

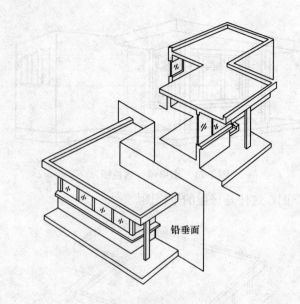

铅垂面

图 1-73　用铅垂面剖切房屋

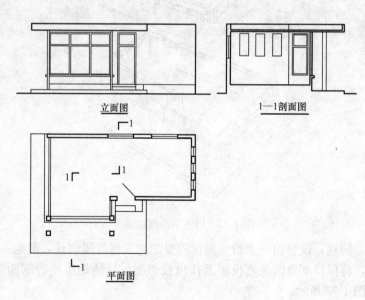

立面图

1—1剖面图

1

1

1

平面图

图 1-74　房屋的平、立、剖面图

剖面图的画图规则如下：

下面以简单形体为例，说明它的画图规则。钢筋混凝土双柱杯形基础的投影图，如图1-75所示。这个基础有安装柱子用的杯口，在 V、W 投影上都出现了虚线。

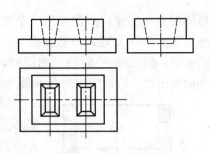

图 1-75　双柱杯形基础

假想用一个通过基础前后对称平面的剖切平面把基础剖开，将前面的一半移走，将留下来的一半投射至 V 面上，所获得的投影图，如图1-76左上所示。在这种剖面图中，基础内部的形状、大小与构造（杯口的深度、斜度与杯底）都表示得更为清楚。同样，用一个通过左侧杯口的中心线并且平行于 W 面的剖切平面将基础剖开，移去左边的部分，然后向 W 面进行投射，获得基础的另一个方向的剖面图，如图1-76右边所示。

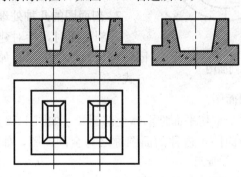

图 1-76　用剖面图表示的投影图

作剖面图时，通常使剖切平面平行于投影面，因此断面的投影反映实形。同时，使形体的内部情形尽量表达得更为清楚。剖切平面平行于 V 面时作出的剖面图称之为正立剖面图，可用来代替原来带虚线的正立面图；剖切平面平行于 W 面时所作的剖面图称之为侧立剖面图，也可用来代替侧立面图。

注意：由于剖切是假想的，因此只有在画剖面图时才会假想将形体切去一部分；而在画另一个投影时，还应当按完整的形体处理。如图 1-76 所示，虽然在画 V 面的剖面图时已经将基础剖去了前半部，但在画 W 面的剖面图时，仍然要按照完整的基础剖开，剖面视图也要按照完整的基础画出。

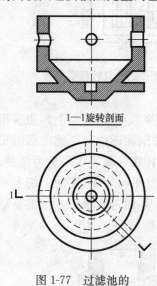

1—1旋转剖面

图 1-77　过滤池的
旋转剖面图

国家标准规定：在剖面图中要在切断面上画出建筑材料图例，以此区分断面（剖到的）与非断面（未剖到的）部分，如图 1-76 所示。各种建筑材料图例的绘制必须遵照国家标准的规定，不同的材料使用不同的图例。画出材料图例，便可使看图者从剖面图中知道建筑物使用的是哪种材料。在不需指明材料时，允许采用等间距、同方向的 45°细斜线来表示断面，如图 1-77 所示。

2. 剖面图的几种处理方式

画剖面图时，针对建筑形体的不同特点与要求，主要有如下几种处理方式：

（1）全剖面图

假想用一个剖切平面把形体全部剖开（如图 1-72 所示），然后画出形体的剖面图，这种剖面图称之为全剖面图，如图 1-74 中的平面图及图 1-76 所示。

假想用转折成两个（或者两个以上）互相平行的平面，把形体沿着需要表达的位置剖开（如图 1-73 所示），然后画出剖面图。如图 1-74 中的 1—1 剖面图，这种剖面图称之为阶梯剖面图。规定：阶梯剖切平面的转折处，在剖面图上不画分界线。阶梯剖面图也属于全剖面图。在房屋建筑图中称为剖面图的一般是指铅垂面剖切的立剖面图。

如图 1-77 所示的过滤池形体的 V 投影，是假想用两个相交的铅垂剖切平面，沿 1—1 位置把池壁上不同形状的孔洞剖开，然后使其中某半个剖面图，绕两剖切平面的交线旋转至另半个剖面图形的平面（一般平行于基本投影面）上，然后一同向所平行的基本投影面投射，所获得的投影图称之为旋转剖面，旋转剖面图也属于全剖面图。

对称形体的旋转剖面，实际上是由两个不同位置的半剖面拼成的全剖面图。

（2）半剖面图

当形体的内外结构均具有对称性（左右或前后或上下）时，可画出由半个外形投影图与半个内形剖面图拼成的图形，同时表示形体的外形与内部构造。这种剖面图称之为半剖面图。例如图 1-78 所示的正锥壳基础，画出了半个正面投影与半个侧面投影以表示基础的外形与相贯线，另外各配上半个相应的剖面图表示基础的内部构造。

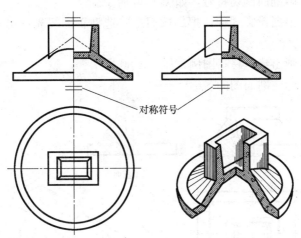

图 1-78　正锥壳基础的半剖面图

图 1-76 所示的双柱杯形基础也可画成半剖面图。在半剖面图中，剖面图与投影图之间，规定用形体的对称中心线作为分界线。中心线上下两组相互平行的两条细横线作为对称符号，即表示中心线两边一半内形一半外形分别对称。

【例】　画出图 1-79 杯形基础的半剖面图。

63

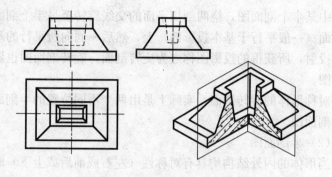

图 1-79　杯形基础三面投影图

【解】

作图步骤:

① 确定剖切平面位置 P。

② 画剖面剖切符号,如图 1-80 所示。

③ 根据投影规律,把剖截面主要造型轮廓线先画出来,如图 1-80 所示。

④ 画出建筑材料图例,如图 1-80 所示。

⑤ 标注剖面图的名称。

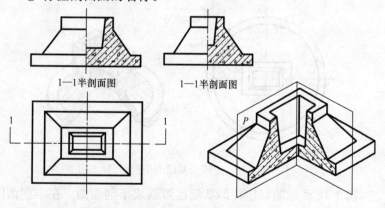

1—1半剖面图　　1—1半剖面图

图 1-80　杯形基础半剖面图

(3) 局部剖面图

当完全剖开建筑形体后它的外形便无法表达清楚时,可保留原投影图的一部分,而只把形体的局部画成剖面图。如图 1-81 所示,在不影响杯形基础外形表达的情况下，把它的水平投影的一个角落画成剖面图，表示基础内部钢筋的配置情况；这种剖面图称之为局部剖面。按照国家标准规定，外形投影图与局部剖面间，用徒手画的波浪线分界。

图 1-81 所示基础的正面投影，已经被剖面图所代替。图上已经画出了钢筋的配置情况，在断面上就不再画钢筋混凝土的图例符号。

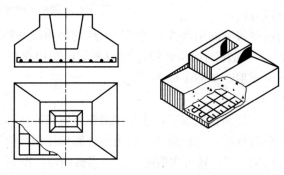

图 1-81　杯形基础的局部剖面

图 1-82 表示用分层局部剖面表示法，来反映楼面各层所用的材料与构造的做法。这种剖面图一般用于表达楼面、地面与屋面的构造。

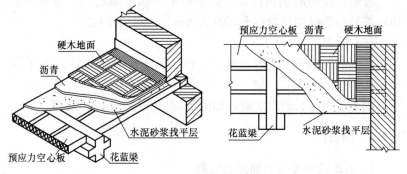

图 1-82　分层局部剖面图

3. 剖面图的标注

为读图方便，需要用剖切符号将剖面图的剖切位置与剖视方向，在投影图上表示出来，同时，还需要给每一个剖面图加上编号，以免产生混乱。对剖面图的标注方法如下：

（1）剖切符号

用剖切位置线表示剖切平面的剖切位置，只用两小段粗实线（长度为 6～8mm）来表示，不可与形体的轮廓线相接触，如图1-83 所示。

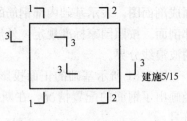

图 1-83　剖面图的标注

（2）剖视方向

剖切后的剖视方向用垂直于剖切位置线的短粗线（长度为 4～6mm）来表示，画在剖切位置线左面的表示向左边投射，画在上面的表示向上投射，如图 1-83 所示。

（3）编号

剖切编号采用阿拉伯数字，注写于剖视方向线的端部。如果有转折的剖切位置线时，一般应当在转角的外侧加注相同的编号，如图 1-83 中的"3—3"，转折次数限一次。当被剖切的图面与剖面图不在同一张图纸上时，在剖切线下注明剖面图所在图纸的图号，如图 1-83 中的建施 5/15，5/15 表示本图共 15 张，它位于第 5 张上。

（4）省略

习惯性使用的剖切位置（如房屋平面图中通过门、窗洞的剖切）符号与通过构件对称平面的剖切符号，可省略标注。

（5）图名

在剖面图的下方或者一侧，写上与该图相对应的剖切符号的编号，作为该图的图名，如"1—1"、"2—2"、"3—3"，并且在图名下方画上一条等长的粗实线，如图 1-77 中的 1—1 旋转剖面。

1.2.3　断面图

1. 基本概念及与剖面图的区别

假想用一个剖切平面把形体剖开之后，形体上截口的平面图形，称为断面。若只把它投射到与它平行的投影面上，所获得的投影图，表示出断面的实形，称为断面图（简称断面）。与剖面图一样，断面图也是用来表示形体内部形状的。剖面图与断面图的主要区别在于：

（1）断面图只画出形体被剖开后断面的实形，如图 1-84（d）1—1 断面、2—2 断面；而剖面图要画出形体被剖开后整个余下部分的投影，如图 1-84（c）所示，除了画出断面外，还画出牛腿的投影与柱脚部分投影。

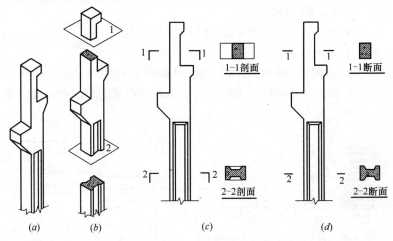

图 1-84　剖面图与断面图的区别

（a）柱的外形图；（b）剖面示意图；（c）剖面图；（d）断面图

（2）剖面图是被剖开的形体的投影，是体的投影，而断面图仅是一个截口的投影，是面的投影。被剖开的形体一定有一个截口，因此剖面图必然包含断面图在内。断面图虽然是剖面图中的一部分，但是一般单独画出。

（3）剖切符号的标注不同。断面图的剖切符号只画剖切位置线，不画剖视投射方向线，而用编号的注写位置来表示投射方向。编号写于剖切位置线下侧，表示向下投射。注写于左侧，表示向左投射。

2. 断面图的分类

（1）移出断面图

画于原来视图以外的断面图，称之为移出断面图。如图 1-84 所示的柱子，采用 1—1、2—2 两个断面来表达柱身的形状，这两

67

个断面均是移出断面的。根据图例可知断面柱子的材料为钢筋混凝土。

对称的移出断面图，它的位置紧靠原来视图且断面图的对称轴线为剖切位置线的延长线时，可以省略剖切符号和编号，如图1-85所示。

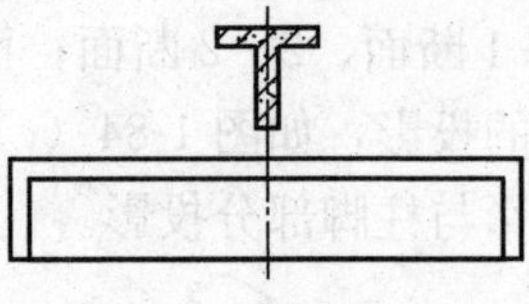

又如图1-86（*a*）所示是钢筋混凝土梁、柱节点的正立面图与断面图。图1-86（*b*）为该节点的轴测图。柱从基础起直通楼面，在正立面图中上、下画了断裂符号，表示取其一段，楼面梁的左、右也画了断

图1-85　省略标注的
移出断面

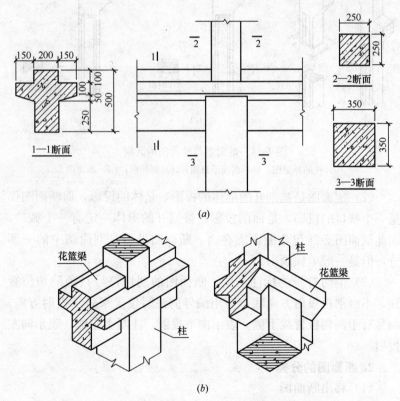

（*a*）

（*b*）

图1-86　梁、柱节点的立面图、断面图和轴测图
（*a*）正立面图与断面图；（*b*）轴测图

裂符号。因搁置楼板的需要，梁的断面做成十字形，俗称"花篮梁"，花篮梁的断面形状与尺寸，由 1—1（移出断面图）表示。楼面上方柱的断面形状为正方形，由 2—2 断面（移出断面图）来表示；楼面下方柱的断面形状也为正方形，由断面 3—3（移出断面图）表示。

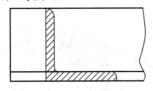

图 1-87　重合断面图例一

（2）重合断面图

重叠画于视图之内的断面图称为重合断面图，如图 1-87 所示为角钢的重合断面图。重合断面图的轮廓线使用细实线。

图 1-87 所示的角钢是平放的，假想将切得的断面图绕铅直线从左向右旋转后重合在视图内而成。重合断面通常不做任何标注。

图 1-88（a）所示为用重合断面图在平面图上表示工业厂房屋顶的坡度；图 1-88（b）也是用重合断面图在平面图上表示钢筋混凝土屋顶结构的断面形状。

图 1-88（c）是用重合断面图在立面图上表示墙壁立面上部分装饰花纹的凹凸起伏情况，图中右边小部分没有画出断面，作为对比。

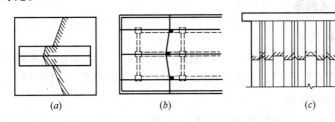

（a）　　　　　　　（b）　　　　　　　（c）

图 1-88　重合断面图例二

（a）工业厂房屋顶的坡度；（b）钢筋混凝土屋顶结构的断面形状
（c）墙壁立面上部分装饰花纹的凹凸起伏情况

（3）中断断面图

绘制细长构件时，将断面图画在中间断开处，称为中断断面图。图 1-89（a）所示是用中断断面图表示花篮梁的断面形状。图

1-89（*b*）所示是一钢屋架图，也是用中断断面图表达了各杆件的两根角钢的组合情况。中断断面图通常都省略了剖切符号及其标注。

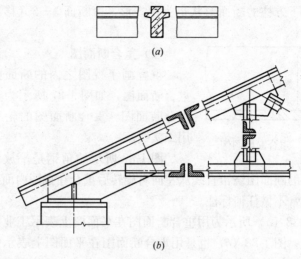

图 1-89　中断断面图示例
（*a*）花篮梁；（*b*）钢屋架图

1.2.4　简化画法

1. 对称简化

对称的图形可以只画一半，如图 1-90（*a*）所示是锥壳基础平面图，左右对称，可只画左半部，在对称轴线的两端有对称符号，如图 1-90（*b*）所示。

由于圆锥壳基础的平面图既左右对称，又前后对称，因此还可进一步简化，只画出其 1/4，如图 1-90（*c*）所示。

对称的图形可以只画一大半（稍稍超出对称线之外），然后加上用细实线画出的折断线或者波浪线，如图 1-91（*a*）所示的木屋架图及图 1-91（*b*）所示的杯形基础图。这时不加对称符号。

对称的构件需要画剖面图时，也可用对称线为界，一边画外形图，一边画剖面图。这时应加对称符号，如图 1-91（*c*）所示的锥

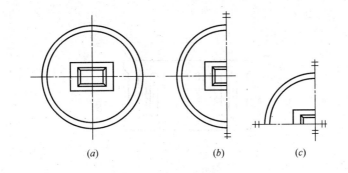

图 1-90　对称的图形画法一

(a) 锥壳基础平面图；(b) 1/2 图；(c) 1/4 图

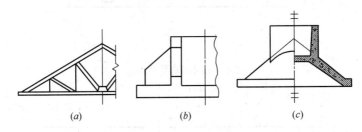

图 1-91　对称的图形画法二

(a) 木屋架图；(b) 杯形基础图；(c) 锥壳基础图

壳基础。

2. 相同要素简化

如果建筑物或者构配件的图形上有多个完全相同而连续排列的构造要素，可仅在排列的两端或者适当位置画出其中一两个要素的完整形状，然后画出其余要素的中心线或者中心线交点，以确定它们的位置，例如图 1-92（a）所示的混凝土空心砖与图 1-92（b）所示的预应力空心板，均只画出了部分孔的投影；图 1-93 是一段砌上 8 件琉璃花格的围墙，图上仅需画出其中一个花格的形状，而其余 7 个琉璃花格不必画出，只要画出它们的位置即可。

3. 长件短画

较长的杆状构件，可以假想把该构件折断其中间一部分，然后在断开处两侧加上折断线，如图 1-94（a）所示的柱子。

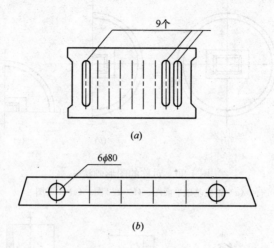

(a)

(b)

图 1-92　相同要素简化画法一
（*a*）混凝土空心砖；（*b*）预应力空心板

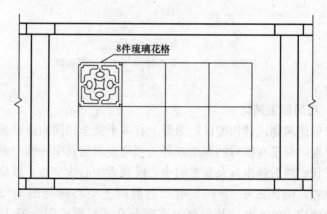

图 1-93　相同要素简化画法二

4. 类似构件简化

　　一个构件若与另一构件仅部分不相同，该构件可只画不同的部分，但是要在两个构件的相同部分与不同部分的分界线上，分别画上连接符号（A—A折断线）。两个连接符号应当对准在同一线上，如图 1-94（*b*）所示。

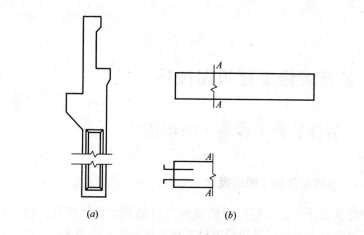

图 1-94　折断简化画法

(a) 长件短画；(b) 类似构件简化

2 装饰装修工程识图技巧

2.1 装饰装修工程施工图概述

2.1.1 装饰装修施工图的概念

建筑设计人员按照国家的建筑方针政策、设计规范、设计标准，结合有关资料以及建设项目委托人提出的具体要求，在经过批准的初步设计的基础上，运用制图学原理，采用国家统一规定的符号、线型、数字、文字来表示拟建建筑物或构筑物以及建筑设备各部位之间的空间关系及其实际形状尺寸的图样，并用于拟建项目的施工建造和编制预算的一整套图纸，叫做建筑工程施工图。建筑工程施工图通常需用的份数较多，所以必须复制。由于复制出来的图纸一般为蓝色，因此通常又把建筑工程施工图称作蓝图。

用于建筑装饰装修施工的蓝图称作建筑装饰装修工程施工图。建筑装饰装修工程施工图与建筑工程施工图是不能分开的，除局部部位需要另绘制外，通常都是在建筑施工图的基础上加以标注或说明。

2.1.2 装饰装修施工图的作用

装饰装修工程施工图不仅是建设单位（业主）委托施工单位进行施工的依据，同时，也是工程造价师（员）计算工程数量、编制工程预算、核算工程造价、衡量工程投资效益的依据。

2.1.3 装饰装修施工图的特点

虽然建筑装饰施工图与建筑施工图在绘图原理和图示标识形式上有许多方面基本一致，但由于专业分工不同，图示内容不同，还是存在一定的差异。其差异反映在图示方法上，主要有以下几个方面：

（1）由于建筑装饰工程涉及面广，它不仅与建筑有关，与水、暖、电等设备有关，与家具、陈设、绿化及各种室内配套产品有关，而且还与钢、铁、铝、铜、木等不同材质的结构处理有关。因此，建筑装饰施工图中常出现建筑制图、家具制图、园林制图和机械制图等多种画法并存的现象。

（2）建筑装饰施工图所要表达的内容多，它不仅要标明建筑的基本结构，还要表明装饰的形式、结构与构造。为了表达翔实，符合施工要求，装饰施工图通常都是将建筑图的一部分加以放大后进行图示，所用比例较大，因而有建筑局部放大图之说。

（3）建筑装饰施工图图例部分无统一标准，多是在流行中互相沿用，各地多少有点大同小异，有的还不具有普遍意义，需加文字说明。

（4）标准定型化设计少，可采用的标准图不多，致使基本图中大部分局部和装饰配件都需要画详图来标明其构造。

（5）建筑装饰施工图由于所用比例较大，又多是建筑物某一装饰部位或某一装饰空间的局部图示，笔力比较集中，有些细部描绘比建筑施工图更细腻。比如将大理石板画上石材肌理，玻璃或镜面画上反光，金属装饰制品画上抛光线等。使图像真实、生动，并具有一定的装饰感，让人一看就懂，构成了装饰施工图自身形式上的特点。

2.1.4　装饰装修施工图的编排

建筑装修工程图由效果图、建筑装修施工图与室内设备施工图组成。从某种意义上讲，效果图也应当是施工图。在施工制作中，它是形象、色彩、材质、光影与氛围等艺术处理的重要依据，是建筑装修工程所特有的、必备的施工图样。

建筑装修施工图也分基本图与详图两部分。基本图包括装修平面图、装修立面图及装修剖面图，详图包括装饰构配件详图与装饰节点详图。

建筑装修施工图也要对图纸进行归纳和编排。将图纸中未能详细标明或者图样不易标明的内容写成设计说明，将门、窗与图纸目录归纳成表格，并把这些内容放于首页。由于建筑装修工程是在已经确定的建筑实体上或者其空间内进行的，因而其图纸首页一般均不安排总平面图。

建筑装修工程图纸的编排顺序原则为：表现性图纸在前，技术性图纸在后；装修施工图在前，室内配套设备施工图在后；基本图在前，详图在后；先施工图在前，后施工图在后。

建筑装修施工图简称"饰施"，室内设备施工图简称"设施"，也可以按工种不同，分别简称为"水施""电施"与"暖施"等。这些施工图都应在图纸标题栏内注写自身的简称"图别"，如"饰施1"、"设施1"等。

2.2 装饰装修工程制图规定

2.2.1 装饰装修施工图图纸规定

1. 图纸幅面规格与图纸编排顺序

（1）图纸幅面

图纸幅面是指图纸的大小。

虽然国内有些室内装饰装修设计单位在图纸幅面的形式上有所不同，但是《房屋建筑制图统一标准》（GB/T 50001—2010）中对图纸图幅的规定能够满足室内装饰装修设计的要求。因此，《房屋建筑室内装饰装修制图标准》（JGJ/T 244—2011）对图纸幅面的没有另作规定。

1）图纸幅面及图框尺寸，应符合表2-1的规定及图2-1～图2-4的格式。

幅面及图框尺寸（mm）   表 2-1

幅面代号 尺寸代号	A0	A1	A2	A3	A4
$b \times l$	841×1189	594×841	420×594	297×420	210×297
c	10			5	
a	25				

注：b—幅面短边尺寸；l—幅面长边尺寸；c—图框线与幅面线间宽度；a—图框线与装订边间宽度。详见图2-1～图2-4。

76

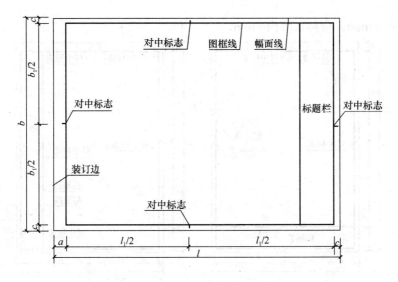

图 2-1　A0～A3 横式幅面一

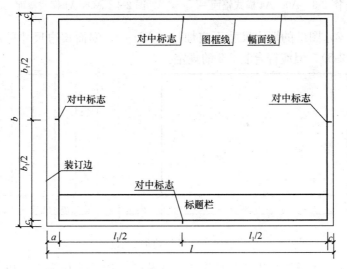

图 2-2　A0～A3 横式幅面二

2) 需要微缩复制的图纸，其一个边上应附有一段准确米制尺度，四个边上均附有对中标志，米制尺度的总长应为 100mm，分格应为 10mm。对中标志应画在图纸各边长的中点处，线宽

0.35mm，应伸入框内 5mm。

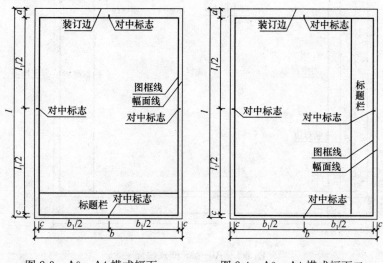

图 2-3　A0～A4 横式幅面一　　　图 2-4　A0～A4 横式幅面二

3）图纸的短边尺寸不应加长，A0～A3 幅面长边尺寸可加长（图 2-5），但应符合表 2-2 的规定。

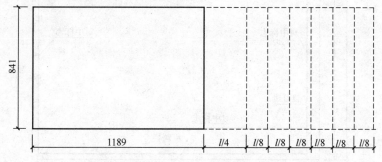

图 2-5　图纸长边加长示意

4）图纸以短边作为垂直边应为横式，以短边作为水平边应为立式。A0～A3 图纸宜横式使用；必要时，也可立式使用。

5）一个工程设计中，每个专业所使用的图纸，不宜多于两种幅面，不含目录及表格所采用的 A4 幅面。

6）图纸可采用横式，也可采用竖式。见图 2-1～图 2-4。

幅面代号	长边尺寸	长边加长后的尺寸
A0	1189	$1486(A0+l/4)$　$1635(A0+3l/8)$　$1783(A0+l/2)$　$1932(A0+5l/8)$　$2080(A0+3l/4)$ $2230(A0+7l/8)$　$2378(A0+l)$
A1	841	$1051(A1+l/4)$　$1261(A1+l/2)$　$1471(A1+3l/4)$　$1682(A1+l)$　$1892(A1+5l/4)$ $2102(A1+3l/2)$
A2	594	$743(A2+l/4)$　$891(A2+l/2)$　$1041(A2+3l/4)$　$1189(A2+l)$　$1338(A2+5l/4)$ $1486(A2+3l/2)$　$1635(A2+7l/4)$　$1783(A2+2l)$　$1932(A2+9l/4)$　$2080(A2+5l/2)$
A3	420	$630(A3+l/2)$　$841(A3+l)$　$1051(A3+3l/2)$　$1261(A3+2l)$　$1471(A3+5l/2)$ $1682(A3+3l)$　$1892(A3+7l/2)$

注：有特殊需要的图纸，可采用 $b×l$ 为 841mm×891mm 与 1189mm×1261mm 的幅画。

（2）标题栏

1）图纸中应有标题栏、图框线、幅面线、装订边线与对中标志。图纸的标题栏以及装订边的位置，应符合下列规定：

①横式使用的图纸，应按图 2-1、图 2-2 的形式布置；

②立式使用的图纸，应按图 2-3、图 2-4 的形式布置。

由于有些室内装饰装修设计需要在图框中设会签栏和图框线，有些不需要设会签栏，所以《房屋建筑室内装饰装修制图标准》（JGJ/T 244—2011）对会签栏、图框线没有另作规定。

2）标题栏应按图 2-6、图 2-7 所示，根据工程的需要选择确定其内容、尺寸、格式及分区。签字栏应包括实名列和签名列。

①标题栏可按图 2-2、图 2-3 横排，也可按图 2-1、图 2-4 竖排；

②标题栏的基本内容可按图 2-6、图 2-7 设置；

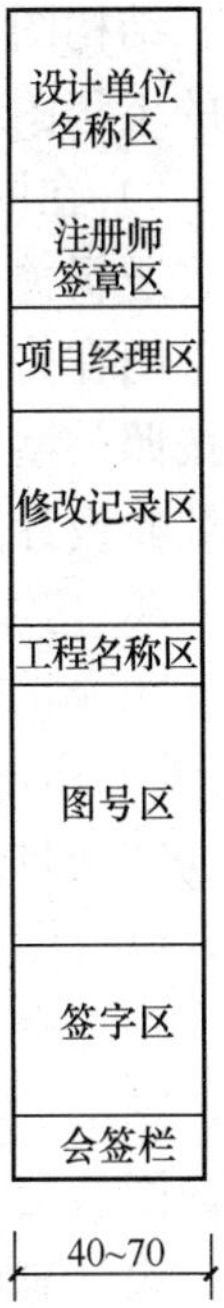

设计单位名称区

注册师签章区

项目经理区

修改记录区

工程名称区

图号区

签字区

会签栏

|←40~70→|

图 2-6　标题栏一

30~50	设计单位名称区	注册师签章区	项目经理区	修改记录区	工程名称区	图号区	签字区	会签栏

图2-7 标题栏二

③涉外工程的标题栏内，各项主要内容的中文下方应附有译文，设计单位的上方或左方，应加"中华人民共和国"字样；

④在计算机制图文件中当使用电子签名与认证时，应符合《中华人民共和国电子签名法》的有关规定。

鉴于当前各设计单位标题栏的内容增多，有时还需要加入外文的实际情况，提供了两种标题栏尺寸供选用。标题栏内容的划分只是示意，给各设计单位以灵活性。

（3）图纸编排顺序

1）工程图纸应按专业顺序编排。应为图纸目录、总图、建筑图、结构图、给水排水图、暖通空调图、电气图等。以某专业为主体的工程图纸应突出该专业。

2）在同一专业的一套完整图纸中，也要按图纸内容的主次关系、逻辑关系有序排列，做到先总体、后局部，先主要、后次要；布置图在先，构造图在后，底层在先，上层在后；同一系列的构配件按照类型、编号的顺序编排。同楼层各段（区）房屋建筑室内装饰装修设计图纸应按照主次区域与内容的逻辑关系排列。

3）房屋建筑室内装饰装修图纸按照设计过程可以分为：方案设计图、扩初设计图与施工图。

4）房屋建筑室内装饰装修图纸应按专业顺序编排，并且应依次为图纸目录、房屋建筑室内装饰装修图、给水排水图、暖通空调图、电气图等。

根据室内装饰装修设计的特点要求在扩初设计阶段有设计总说明，图纸的编排顺序为图纸目录、设计总说明、房屋建筑室内装饰装修图、给水排水图、暖通空调图、电气图等。施工图设计阶段没有"设计总说明"。

5）房屋建筑室内装饰装修图纸编排宜按设计（施工）说明、总平面图、顶棚总平面图、顶棚装饰灯具布置图、设备设施布置图、顶棚综合布点图、墙体定位图、地面铺装图、陈设、家具平面布置图、部品部件平面布置图、各空间平面布置图、各空间顶棚平面图、立面图、部品部件立面图、剖面图、详图、节点图、装饰装修材料表、配套标准图的顺序排列。

(4) 制图注意事项

1) 一张图上绘制几个图样时，宜按照主次顺序从左到右依次排列；绘制各层平面时，宜按层的顺序从左到右或从下到上依次排列。

2) 各专业的总平面图布图方向应一致，各专业的单体建筑平面图布图方向也应一致。

2. 图线

图线是表示工程图样的线条。图线由线型与线宽组成。为了表达工程图样的不同内容，并且能够分清主次，须使用不同的线型与线宽的图线。每个图样绘制前，应当根据复杂程度与比例大小，先确定基本的线宽 b，再选用表 2-3 中相应的线宽组。

(1) 线宽指图线的宽度，以 b 表示，线宽宜从下列系列宽度中选取：1.4、1.0、0.7、0.5、0.35、0.25、0.18、0.13mm。线宽不应小于 0.1mm。

每个图样，应根据复杂程度与比例大小，先选定基本线宽 b，再选用表 2-3 中相应的线宽组。

线宽组（mm） 表 2-3

线宽比	线 宽 组			
b	1.4	1.0	0.7	0.5
$0.7b$	1.0	0.7	0.5	0.35
$0.5b$	0.7	0.5	0.35	0.25
$0.25b$	0.35	0.25	0.18	0.13

注：1. 需要缩微的图纸，不宜采用 0.18mm 及更细的线宽。

2. 同一张图纸内，各不同线宽中的细线，可统一采用较细的线宽组的细线。

(2) 房屋建筑室内装饰装修设计制图的线型应采用实线、虚线、单点长画线、折断线、波浪线、点线、样条曲线、云线等，并应选用表 2-4 所示的常用线型。

图　线   表 2-4

名　称		线　型	线宽	一　般　用　途
实线	粗	——————	b	1. 平、剖面图中被剖切的建筑和装饰装修构造的主要轮廓线； 2. 房屋建筑室内装饰装修立面图的外轮廓线； 3. 房屋建筑室内装饰装修构造详图、节点图中被剖切部分的主要轮廓线； 4. 平、立、剖面图的剖切符号
	中粗	——————	$0.7b$	1. 平、剖面图中被剖切的建筑和装饰装修构造的次要轮廓线； 2. 房屋建筑室内装饰装修详图中的外轮廓线
	中	——————	$0.5b$	1. 房屋建筑室内装饰装修构造详图中的一般轮廓线； 2. 小于 $0.7b$ 的图形线、家具线、尺寸线、尺寸界线、索引符号、标高符号、引出线、地面、墙面的高差分界线等
	细	——————	$0.25b$	图形和图例的填充线
虚线	中粗	– – – – – –	$0.7b$	1. 表示被遮挡部分的轮廓线（不可见）； 2. 表示被索引图样的范围； 3. 拟建、扩建房屋建筑室内装饰装修部分轮廓线（不可见）
	中	– – – – – –	$0.5b$	1. 表示平面中上部的投影轮廓线； 2. 预想放置的建筑或构件
	细	– – – – – –	$0.25b$	表示内容与中虚线相同，适合小于 $0.5b$ 的不可见轮廓线

名 称		线 型	线宽	一 般 用 途
单点长画线	中粗	 —·—·—	$0.7b$	运动轨迹线
	细	 —·—·—	$0.25b$	中心线、对称线、定位轴线
折断线	细	 ‒‒‒/\‒‒‒	$0.25b$	不需要画全的断开界线
波浪线	细	 ～～～	$0.25b$	1. 不需要画全的断开界线； 2. 构造层次的断开界线； 3. 曲线形构件断开界限
点线	细	 ··············	$0.25b$	制图需要的辅助线
样条曲线	细	 ～	$0.25b$	1. 不需要画全的断开界线； 2. 制图需要的引出线
云线	中	 ⌒⌒⌒⌒	$0.5b$	1. 圈出被索引的图样范围； 2. 标注材料的范围； 3. 标注需要强调、变更或改动的区域

注：地平线宽可用 $1.4b$。

在房屋建筑室内装饰装修设计制图中表示配套专业内容时需加粗配套内容的线宽，同时降低装饰装修内容的线宽。

根据房屋建筑室内装饰装修制图的特点，增加了点线、样条曲线与云线三种线型。

（3）同一张图纸内，相同比例的各图样，应选用相同的线宽组。

（4）图纸的图框和标题栏线，可采用表 2-5 的线宽。

图框线、标题栏线的宽度（mm）　　　　　　　表 2-5

幅面代号	图框线	标题栏外框线	标题栏分格线
A0、A1	b	$0.5b$	$0.25b$
A2、A3、A4	b	$0.7b$	$0.35b$

注：线宽主要针对计算机绘图规定，但也可用于手工绘图参考。

（5）相互平行的图例线，其净间隙或线中间隙不宜小于 0.2mm。

(6) 虚线、单点长画线或双点长画线的线段长度和间隔，宜各自相等。

(7) 单点长画线或双点长画线，当在较小图形中绘制有困难时，可用实线代替。

(8) 单点长画线或双点长画线的两端，不应是点。点画线与点画线交接点或点画线与其他图线交接时，应是线段交接。

(9) 虚线与虚线交接或虚线与其他图线交接时，应是线段交接。虚线为实线的延长线时，不得与实线相接。

(10) 图线不得与文字、数字或符号重叠、混淆，不可避免时，应首先保证文字的清晰。

图线交接方式可见表 2-6。

图线交接方式示意   表 2-6

交接方式	正　确	错　误
两直线相交		
两线相切处不应使线加粗	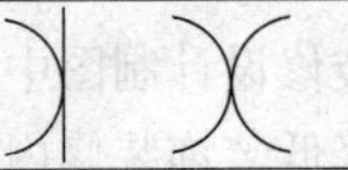	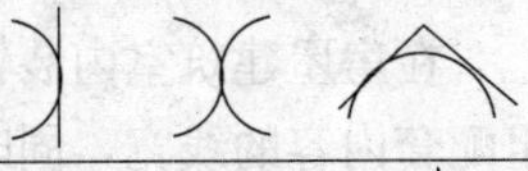
各种线相交时交点处不应有空隙	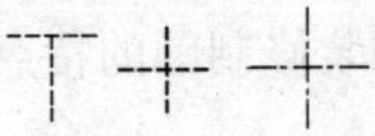	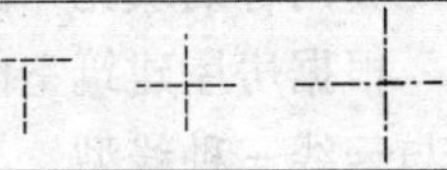
实线与虚线相接	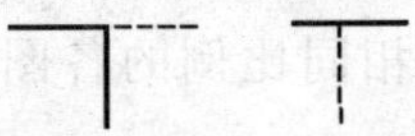	
圆的中心线应出头，中心线与虚线圆的相交处不应有空隙	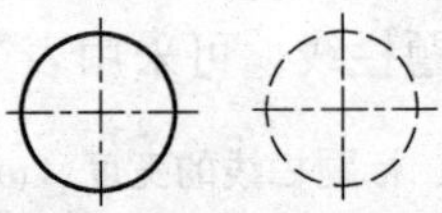	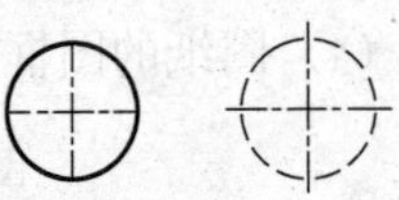

3. 字体

在工程制图中除了绘制恰当的图线之外，还要正确注写文字、数字与符号，它们均是表达图纸内容的语言。

(1) 图纸上所需书写的文字、数字或符号等，均应笔画清晰、字体端正、排列整齐；标点符号应清楚正确。

84

对于手工制图的图纸，字体的选择以及注写方法应符合《房屋建筑制图统一标准》(GB/T 50001—2010)的规定。对于计算机绘图，均可采用自行确定的常用字体等。

(2) 文字的字高，应从表 2-7 中选用。字高大于 10mm 的文字宜采用 TrueType 字体，如需书写更大的字，其高度应按 $\sqrt{2}$ 的倍数递增。

文字的字高 (mm) 表 2-7

字体种类	中文矢量字体	TrueType 字体及非中文矢量字体
字高	3.5、5、7、10、14、20	3、4、6、8、10、14、20

所谓 TrueType 字体，中文名称为全真字体。它具有以下优势：①真正的所见即所得字体。由于 TrueType 字体支持几乎所有的输出设备，因而无论在屏幕、激光打印机、激光照排机上，或是在彩色喷墨打印机上，都能以设备的分辨率输出，因而输出很光滑。②支持字体嵌入技术。存盘时可以将文件中使用的所有 True-Type 字体采用嵌入方式一并存入文件之中，使整个文件中所有的字体可方便地传递至其他计算机中使用。嵌入技术可以保证未安装相应字体的计算机能以原格式使用原字体打印。③操作系统的兼容性。MAC 与 PC 机均支持 TrueType 字体，均可以在同名软件中直接打开应用文件而不需替换字体。

(3) 图样及说明中的汉字，宜采用长仿宋体 (矢量字体) 或黑体，同一图纸字体种类不应超过两种。长仿宋体的宽度与高度的关系应符合表 2-8 的规定，黑体字的宽度与高度应相同。大标题、图册封面、地形图等的汉字，也可书写成其他字体，但应易于辨认。

长仿宋字高宽关系 (mm) 表 2-8

字高	20	14	10	7	5	3.5
字宽	14	10	7	5	3.5	2.5

(4) 汉字的简化字书写应符合国务院公布的《汉字简化方案》和有关规定。

(5) 图样及说明中的拉丁字母、阿拉伯数字与罗马数字，宜采用单线简体（矢量字体）或 ROMAN（TrueType 字体）。拉丁字母、阿拉伯数字与罗马数字的书写与排列，应符合表 2-9 的规定。

拉丁字母、阿拉伯数字与罗马数字的书写规则 　　表 2-9

书 写 格 式	字 　 体	窄字体
大写字母高度	h	h
小写字母高度（上下均无延伸）	$7h/10$	$10h/14$
小写字母伸出的头部或尾部	$3h/10$	$4h/14$
笔画宽度	$1h/10$	$1h/14$
字母间距	$2h/10$	$2h/14$
上下行基准线的最小间距	$15h/10$	$21h/14$
词间距	$6h/10$	$6h/14$

（6）拉丁字母、阿拉伯数字与罗马数字，如需写成斜体字，其斜度应是从字的底线逆时针向上倾斜 75°。斜体字的高度和宽度应与相应的直体字相等。

（7）拉丁字母、阿拉伯数字与罗马数字的字高，应不小于 2.5mm。

（8）拉丁字母、阿拉伯数字以及罗马数字与汉字并列书写时其字高可以小一至二号（图 2-8）。

（9）拉丁字母与数字的笔画均是由直线或者直线与圆弧、圆弧与圆弧组成。书写时要注意每个笔划在字形格中的部位与下笔顺序。

（10）数量的数值注写，应采用正体阿拉伯数字。各种计量单位凡前面有量值的，均应采用国家颁布的单位符号注写。单位符号应采用正体字母。

（11）分数、百分数和比例数的注写，应采用阿拉伯数字和数学符号，例如：四分之三、百分之二十五和一比二十应分别写成 3/4、25％和 1：20。

（12）当注写的数字小于 1 时，必须写出各位的"0"，小数点应采用圆点，齐基准线书写，例如 0.01。

（13）长仿宋汉字、拉丁字母、阿拉伯数字与罗马数字示例应符合现行国家标准《技术制图 字体》（GB/T 14691—1993）的规定。

（14）汉字的字高，应不小于 3.5mm，手写汉字的字高一般不小于 5mm。

4. 比例

比例是表示图样尺寸与物体尺寸的比值，在工程制图中注写比例能在图纸上反映物体的实际尺寸。

（1）图样的比例，应为图形与实物相对应的线性尺寸之比。比例的大小，是指其比值的大小，如 1：50 大于 1：100。

（2）比例的符号为"："，比例应以阿拉伯数字表示。

（3）比例宜注写在图名的右侧，<u>平面图</u> 1:100   ⑥ 1:20 字的基准线应取平；比例的字高宜比   图 2-8 比例的注写
图名的字高小一号或二号（图 2-8）。

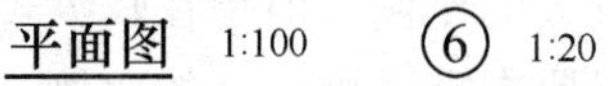

（4）图样的比例应根据图样用途与被绘对象的复杂程度选取。房屋建筑室内装饰装修制图中常用比例宜为 1：1、1：2、1：5、1：10、1：15、1：20、1：25、1：30、1：40、1：50、1：75、1：100、1：150、1：200。

（5）特殊情况下也可自选比例，这时除应注出绘图比例外，还必须在适当位置绘制出相应的比例尺。

（6）绘图所用的比例，应根据房屋建筑室内装饰装修设计的不同部位、不同阶段的图纸内容和要求确定，并应符合表 2-10 的规定。

绘图所用的比例　　　　　　　表 2-10

比　　例	部　　位	图纸内容
1：200～1：100	总平面、总顶面	总平面布置图、总顶棚平面布置图
1：100～1：50	局部平面、局部顶棚平面	局部平面布置图、局部顶棚平面布置图
1：100～1：50	不复杂的立面	立面图、剖面图
1：50～1：30	较复杂的立面	立面图、剖面图

比　例	部　位	图纸内容
1：30～1：10	复杂的立面	立面放大图、剖面图
1：10～1：1	平面及立面中需要详细表示的部位	详图
1：10～1：1	重点部位的构造	节点图

（7）一般情况下，一个图样应选用一种比例。根据专业制图需要，同一图样可选用两种比例。

由于房屋建筑室内装饰装修设计中的细部内容多，因此常使用较大的比例。但是在较大规模的房屋建筑室内装饰装修设计中，根据要求需采用较小的比例。

表示比例，可采用比例尺图示法表达，比例尺中文字高度为6.4mm（所有图幅），字体一般均为"简宋"。比例尺的表达见图2-9。

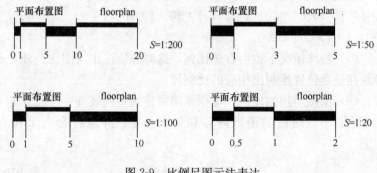

图 2-9　比例尺图示法表达

5. 符号

（1）剖切符号

一般剖切部位应根据图纸的用途与设计深度，在平面图上选择能够反映工程物体内部形态、构造特征及有代表性的部位剖切，剖视图的剖切方向由平面图中的剖切符号来表示。在标注剖切符号时，需要同时对剖切面进行编号，剖面图的名称一般用其编号来命名，如 1—1 剖面图，2—2 剖面图。在平面图中标识好剖面符号之后，要在绘制的剖面图下方注明相对应的剖面图名称，如与图2-10相对应的名称为：1—1剖面图，2—2剖面图，3—3剖面图。

根据《技术制图　图样画法　剖视图和断面图》(GB/T 17452—1998)，"SECTION"的中文名称确定为"剖视图"，但是考虑到房屋建筑专业的习惯叫法，决定仍然沿用原有名称："剖面图"。

1) 剖视的剖切符号应符合下列规定：

① 剖视的剖切符号应由剖切位置线及剖视方向线组成。剖切位置线位于图样被剖切的部位，以粗实线绘制，长度宜为 6～10mm；投射方向线平行于剖切位置线，由细实线绘制，一段应与索引符号相连，另一段长度与剖切位置线平行且长度相同。绘制时，剖视剖切符号不应与其他图线相接触（图 2-10）。也可采用国际统一和常用的剖视方法（图 2-11）。

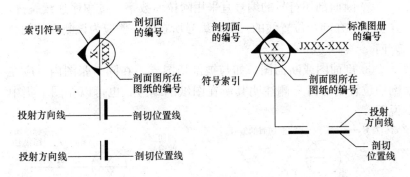

图 2-10　剖视的剖切符号一

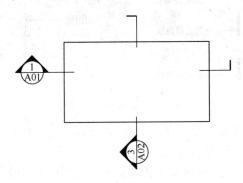

图 2-11　剖视的剖切符号二

② 剖切位置应能够反映物体构造特征和设计需要标明部位。

③ 剖切符号应标注在需要表示装饰装修剖面内容的位置上。

④ 局部剖面图（不含首层）的剖切符号应注在被剖切部位的最下面一层的平面图上。

⑤ 剖视的方向由图面中剖切符号表示。

⑥ 剖视的剖切符号的编号宜采用阿拉伯数字或字母，编写顺序按剖切部位在图样中的位置由左至右、由下向上编排，并且注写在索引符号内。

2）采用由剖切位置线、引出线及索引符号组成的断面的剖切符号（图 2-12）应符合下列规定：

① 断面的剖切符号应只用剖切位置线表示，并应以粗实线绘制，长度宜为 6～10mm。

② 断面剖切符号的编号宜采用阿拉伯数字，按顺序连续编排，并应注写在剖切位置线的一侧；编号所在的一侧应为该断面的剖视方向。

③ 剖面图或断面图，如与被剖切图样不在同一张图内，应在剖切位置线的另一侧注明其所在图纸的编号，也可以在图上集中说明。

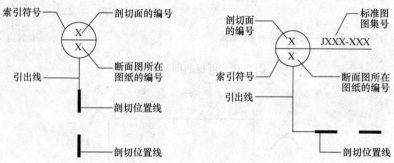

图 2-12　断面的剖切符号

3）剖切符号应标注在需要表示装饰装修剖面内容的位置上。

（2）索引符号与详图符号

因为房屋建筑室内装饰装修制图中，图样编号较复杂，因此可出现数字和字母组合在一起编写的形式。

1）索引符号根据用途的不同可分为立面索引符号、剖切索引符号、详图索引符号、设备索引符号、部品部件索引符号及材料索引符号。

2）表示室内立面在平面上的位置及立面图所在图纸编号，应在平面图上使用立面索引符号（图2-13）。

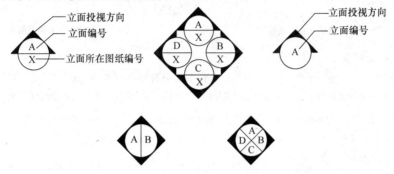

图2-13　立面索引符号

3）表示剖切面在界面上的位置或图样所在图纸编号，应在被索引的界面或图样上使用剖切索引符号（图2-14）。

图2-14　剖切索引符号

4）表示局部放大图样在原图上的位置及本图样所在页码，应在被索引图样上使用详图索引符号（图2-15）。

5）表示各类设备（含设备、设施、家具、洁具等）的品种及对应的编号，应在图样上使用设备索引符号（图2-16）。

6）表示各类部品部件（含五金、工艺品及装饰品、灯具、门等）的品种以及对应的编号，应在图样上使用部品部件索引符号（图2-17）。

7）表示各类材料的品种以及对应的编号，应在图样上使用材料索引符号（图2-18）。

8）索引符号的绘制应符合下列规定：

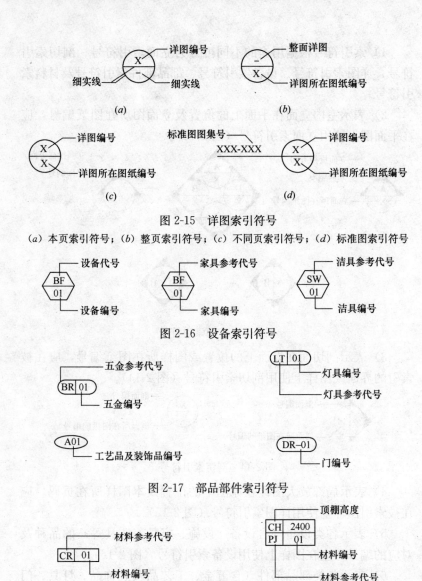

图 2-15　详图索引符号

(a) 本页索引符号；(b) 整页索引符号；(c) 不同页索引符号；(d) 标准图索引符号

图 2-16　设备索引符号

图 2-17　部品部件索引符号

图 2-18　材料索引符号

① 立面索引符号由圆圈、水平直径组成，且圆圈及水平直径应以细实线绘制。根据图面比例，圆圈直径可选择 8～10mm。圆圈内应注明编号及索引图所在页码。立面索引符号应附以三角形箭头，且三角

形箭头方向与投射方向一致，圆圈中水平直径、数字及字母（垂直）的方向应保持不变（图2-19）。

图 2-19 立面索引符号

② 剖切索引符号和详图索引符号均由圆圈、直径组成，圆及直径应以细实线绘制。根据图面比例，圆圈直径可选择 8～10mm。圆圈内注明编号及索引图所在页码。剖切索引符号应附以三角形箭头，且三角形箭头方向与圆中直径、数字及字母（垂直于直径）的方向保持一致，并应随投射方向而变（图2-20）。

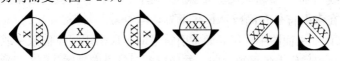

图 2-20　剖切索引符号

③ 索引图样时，应以引出圈将被放大的图样范围完整圈出，并应由引出线连接引出圈和详图索引符号。图样范围较小的引出圈，应以圆形中粗虚线绘制（图 2-21a）；范围较大的引出圈，宜以有弧角的矩形中粗虚线绘制（图 2-21b），也可以云线绘制（图 2-21c）。

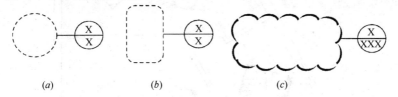

图 2-21　索引符号一

(a) 范围较小的索引符号；(b) 范围较大的索引符号；(c) 范围较大的索引符号

④ 设备索引符号应由正六边形、水平内径线组成，正六边形、水平内径线应以细实线绘制。根据图面比例，正六边形长轴可选择 8～12mm。正六边形内应注明设备编号及设备品种代号（图2-16）。

⑤ 部品部件索引符号、材料索引符号，均应以细实线绘制，横向长度可以选择 8～14mm，竖向长度可以选择 4～8mm。图样内应注明部品部件或材料的代号及编号（图 2-17，图 2-18）。

9）索引符号的编号应按下列规定编写：

① 引出图如与被索引图在同一张图纸内，应在索引符号的上

半圆中用阿拉伯数字或字母注明该索引图的编号，在下半圆中间画一段水平细实线（图 2-15b）。

②引出图如与被索引的详图不在同一张图纸内，应在索引符号的上半圆中用阿拉伯数字或字母注明该详图的编号，在索引符号的下半圆中用阿拉伯数字或字母注明该详图所在图纸的编号。数字较多时，可加文字标注（图 2-15c）。

③索引出的详图，如采用标准图，应在索引符号水平直径的延长线上加注该标准图集的编号（图 2-15a）。需要标注比例时，文字在索引符号右侧或延长线下方，与符号下对齐。

④在平面图中采用立面索引符号时，应采用阿拉伯数字或字母为立面编号代表各投视方向，并应以顺时针方向排序（图2-22）。

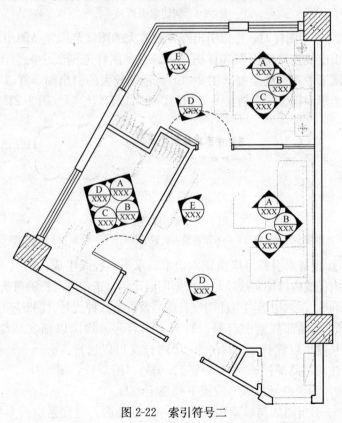

图 2-22　索引符号二

⑤ 房屋建筑室内装饰装修设计制图中，图样编号较复杂，允许出现数字和字母合在一起编写的形式。

10）零件、钢筋、杆件、设备等的编号宜以直径为 5～6mm（同一图样应保持一致）的细实线圆表示，其编号应用阿拉伯数字按顺序编写（图 2-23）。

消火栓、配电箱、管井等的索引符号，直
径宜以 4～6mm 为宜。

图 2-23 零件、钢筋

11）详图的位置和编号，应以详图符号　　等的编号
表示。详图符号的圆应以直径为 14mm 粗实线绘制。详图编号应符合下列规定：

① 详图与被索引的图样同在一张图纸内时，应在详图符号内用阿拉伯数字注明详图的编号（图 2-24）。

② 详图与被索引的图样不在同一张图纸内时，应用细实线在详图符号内画一水平直径，在上半圆中注明详图编号，在下半圆中注明被索引的图纸的编号（图 2-25）。

图 2-24 与被索引图样同在
一张图纸内的详图符号

图 2-25 与被索引图样不在
同一张图纸内的详图符号

（3）图名编号

由于房屋建筑室内装饰装修设计图纸内容十分丰富且相对复杂，图名的规范有利于图纸的绘制、查阅与管理，因此编制图名编号。

图名编号用来表示图样编排的符号。

1）房屋建筑室内装饰装修的图纸宜包括：平面图、索引图、顶棚平面图、立面图、剖面图、详图等。

2）图名编号应由圆、水平直径、图名和比例组成。圆及水平直径均应由细实线绘制，圆直径根据图面比例，可选择 8～12mm（图 2-26、图 2-27）。

3）图名编号的绘制应符合下列规定：

① 用来表示被索引出的图样时，应在图号圆圈内画一水平直径，上半圆中应用阿拉伯数字或字母注明该图样编号，下半圆中应用阿拉伯数字或字母注明该图索引符号所在图纸编号（图2-26）。

② 当索引出的详图图样如与索引图同在一张图纸内时，圆内可用阿拉伯数字或字母注明详图编号，也可在圆圈内画一水平直径，且上半圆中用阿拉伯数字或字母注明编号，下半圆中间应画一段水平细实线（图2-27）。

图 2-26　索引图与被索引出的图样
不在同一张图纸的图名编号

图 2-27　索引图与被索引出的图样
在同一张图纸内的图名编写

4）图名编号引出的水平直线上端宜用中文注明该图的图名，其文字宜与水平直线前端对齐或居中。

（4）引出线

为了使文字说明、材料标注以及索引符号等标注不影响图样的清晰，应采用引出线的形式来表示。

1）引出线应以细实线绘制，宜采用水平方向的直线，与水平方向成 30°、45°、60°、90°的直线，或经上述角度再折为水平线。文字说明宜注写在水平线的上方（图 2-28*a*），也可注写在水平线的端部（图 2-28*b*）。索引详图的引出线，应与水平直径相连接（图 2-28*c*）。

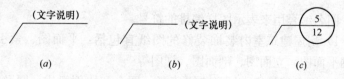

图 2-28　引出线
（*a*）文字注于上方；（*b*）文字注于端部；（*c*）引出线与水平直径连接

2）同时引出的几个相同部分的引出线，宜互相平行（图 2-

96

29a)，也可画成集中于一点的放射线（图 2-29b）。

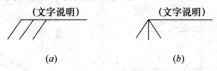

图 2-29　共同引出线
(a) 引出线平行；(b) 引出线集中于一点

　　3）多层构造或多个部位共用引出线，应通过被引出的各层或各部位，并用圆点示意对应位置。文字说明宜注写在水平线的上方，或注写在水平线的端部，说明的顺序应由上至下，并应与被说明的层次对应一致；如层次为横向排序，则由上至下的说明顺序应与由左至右的层次对应一致（图 2-30、图 2-31）。

　　层次标注顺序见图 2-31。

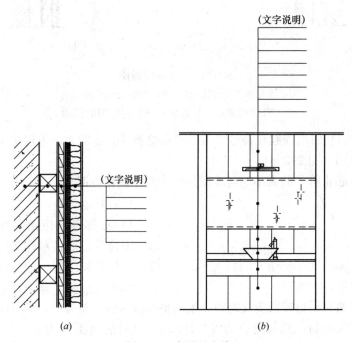

图 2-30　多层引出线
(a) 多层构造共用引出线；(b) 多个物象共用引出线

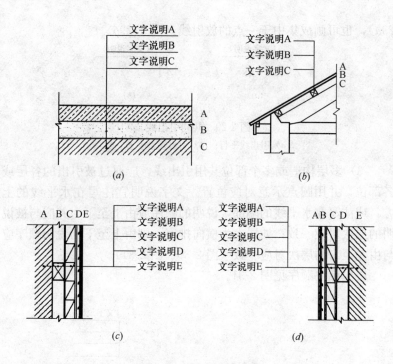

图 2-31 层次标注顺序

(a) 多层构造共用引出线；(b) 多层构造共用引出线
(c) 多层构造共用引出线；(d) 多层构造共用引出线

4）引出线起止符号可采用圆点绘制（图 2-32a），也可采用箭头绘制（图 2-32b）。

起止符号的大小应与本图样尺寸的比例相协调。

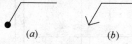

图 2-32 引出线起止符号

注：目前国内的房屋建筑室内装饰装修设计

（5）其他符号

1）对称符号应由对称线和分中符号组成。对称线应用细单点长画线绘制；分中符号应用细实线绘制。分中符号可

单位使用"圆点"和"箭头"的都有采用两对平行线或英文缩写。采用平行线为分中符号时，平行线用细实线绘制，其长度宜为 6～10mm，每对的间距宜为 2～3mm；对称线垂直平分两对平行线，两端超出平行线宜为 2～3mm（图 2-33a）；采用英文缩写为分中符号时，大写英文 CL 置于对称线一端

98

（图2-33b）。

2）连接符号应以折断线或波浪线表示需连接的部位。两部位相距过远时，折断线或波浪线两端靠图样一侧应标注大写拉丁字母表示连接编号。两个被连接的图样应用相同的字母编号（图2-34）。

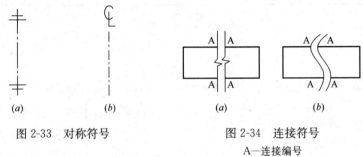

(a)　　　　　　(b)　　　　　　(a)　　　　　　(b)

图 2-33　对称符号　　　　　图 2-34　连接符号

A—连接编号

3）指北针的形状宜如图 2-35 所示，其圆的直径宜为 24mm，用细实线绘制；指针尾部的宽度宜为 3mm，指针头部应注"北"或"N"字。需用较大直径绘制指北针时，指针尾部的宽度宜为直径的 1/8。指北针应绘制在房屋建筑室内装饰装修设计整套图纸的第一张平面图上，并应位于明显位置。

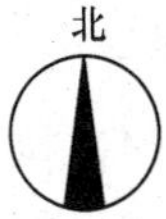

图 2-35　指北针

注：指北针绘制的位置是根据国内大多数房屋建筑室内装饰装修单位设计制图中的情况确定的。

4）对图纸中局部变更部分宜采用云线，并宜注明修改版次。

5）转角符号应以垂直线连接两端交叉线并加注角度符号表示。转角符号用于表示立面的转折（图2-36）。

6. 定位轴线

确定房屋中的墙、柱、梁及屋架等主要承重构件位置的基准线，称为定位轴线，它使房屋的平面位置简明有序。

（1）定位轴线应用细单点长画线绘制。

（2）定位轴线应编号，编号应注写在轴线端部的圆内。圆应用细实线绘制，直径为 8～10mm。定位轴线圆的圆心应在定位轴线的延长线或延长线的折线上。

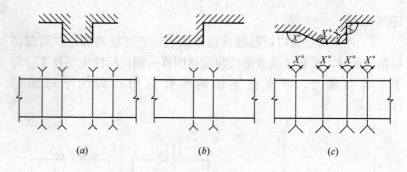

图 2-36 转角符号

(a) 表示成 90°外凸立面；(b) 表示成 90°内转折立面；(c) 表示不同角度转折外凸立面

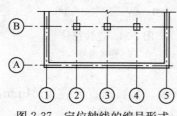

图 2-37 定位轴线的编号形式

（3）平面图上定位轴线的编号，宜标注在图样的下方或左侧。横向编号应用阿拉伯数字，从左至右顺序编写；竖向编号应用大写拉丁字母，从下至上顺序编写（图 2-37）。

（4）拉丁字母作为轴线号时，应全部采用大写字母，不应用同一个字母的大小写来区分轴线号。拉丁字母的 I、O、Z 不得用作轴线编号。当字母数量不够使用时，可增用双字母或单字母加数字注脚，如 A_A、B_A…Y_A 或 A_1、B_1…Y_1。

（5）组合较复杂的平面图中定位轴线也可采用分区编号（图 2-38）。编号的注写形式应为"分区号—该分区编号"。分区号采用阿拉伯数字或大写拉丁字母表示。

图 2-38 是一个分区编号的例图，具体如何分区应根据实际情况确定。例图中举出了一根轴线分属两个区，也可以编为两个轴线号的表示方法。

（6）附加定位轴线的编号，应以分数形式表示，并应符合下列规定：

1）两根轴线间的附加轴线，应以分母表示前一轴线的编号，分子表示附加轴线的编号。编号宜用阿拉伯数字顺序编写，如：

⑫表示 2 号轴线之后附加的第一根轴线；

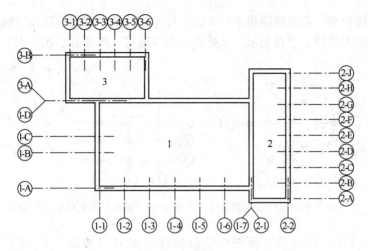

图 2-38 定位轴线的分区编号

$\frac{3}{c}$ 表示 C 号轴线之后附加的第三根轴线。

2) 1 号轴线或 A 号轴线之前的附加轴线的分母应以 01 或 0A 表示，如：

$\frac{1}{01}$ 表示 1 号轴线之前附加的第一根轴线。

$\frac{3}{0A}$ 表示 A 号轴线之前附加的第三根轴线。

（7）一个详图适用于几根轴线时，应同时注明各有关轴线的编号（图 2-39）。

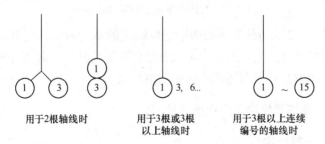

图 2-39 详图的轴线编号

（8）通用详图中的定位轴线，应只画圆，不注写轴线编号。

（9）圆形与弧形平面图中的定位轴线，其径向轴线应以角度进行定位，其编号宜用阿拉伯数字表示，从左下角或−90°（若径向

101

轴线很密，角度间隔很小）开始，按逆时针顺序编写；其环向轴线宜用大写拉丁字母表示，从外向内顺序编写（图 2-40、图 2-41）。

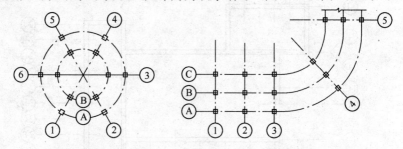

图 2-40　圆形平面定位轴线的编号　　图 2-41　弧形平面定位轴线的编号

（10）折线形平面图中定位轴线的编号可按图 2-42 的形式编写。

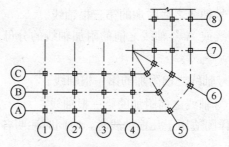

图 2-42　折线形平面定位轴线的编号

图 2-42 为折线形平面图中定位轴线的编号示例，但是没有规定具体的编号方法，制图中可以参照例图灵活处理。对更为复杂的平面如何编号，还有待从实际中归纳总结。

2.2.2　装饰装修施工图图纸深度

1. 一般规定

（1）房屋建筑室内装饰装修设计的制图深度应根据房屋建筑室内装饰装修设计文件的阶段性要求确定。

（2）房屋建筑室内装饰装修设计中图纸的阶段性文件应包括方案设计图、扩初设计图、施工设计图、变更设计图、竣工图。

（3）房屋建筑室内装饰装修设计图纸的绘制应符合《房屋建筑室内装饰装修制图标准》（JGJ/T 244—2011）第1章～第4章的规定，图纸深度应满足各阶段的深度要求。

房屋建筑室内装饰装修设计的图纸深度与设计文件深度有所区别，不包括对设计说明、施工说明以及材料样品表示内容的规定。

2. 方案设计图

（1）方案设计应包括设计说明、平面图、顶棚平面图、主要立面图、必要的分析图、效果图等。

（2）方案设计的平面图绘制除应符合《房屋建筑室内装饰装修制图标准》（JGJ/T 244—2011）第5.2节的规定外，尚应符合下列规定：

1）宜标明房屋建筑室内装饰装修设计的区域位置及范围；

2）宜标明房屋建筑室内装饰装修设计中对原建筑改造的内容；

3）宜标注轴线编号，并应使轴线编号与原建筑图相符；

4）宜标注总尺寸及主要空间的定位尺寸；

5）宜标明房屋建筑室内装饰装修设计后的所有室内外墙体、门窗、管道井、电梯和自动扶梯、楼梯、平台和阳台等位置；

6）宜标明主要使用房间的名称和主要部位的尺寸，标明楼梯的上下方向；

7）宜标明主要部位固定和可移动的装饰造型、隔断、构件、家具、陈设、厨卫设施、灯具以及其他配置、配饰的名称和位置；

8）宜标明主要装饰装修材料和部品部件的名称；

9）宜标注房屋建筑室内地面的装饰装修设计标高；

10）宜标注指北针、图纸名称、制图比例以及必要的索引符号、编号；

11）根据需要绘制主要房间的放大平面图；

12）根据需要绘制反映方案特性的分析图，宜包括：功能分区、空间组合、交通分析、消防分析、分期建设等图示。

（3）顶棚平面图的绘制除应符合《房屋建筑室内装饰装修制图标准》（JGJ/T 244—2011）第5.3节的规定外，还应符合下列规定：

1) 标注轴线编号，并使轴线编号与原建筑图相符；

2) 标注总尺寸及主要空间的定位尺寸；

3) 标明房屋建筑室内装饰装修设计调整过后的所有室内外墙体、管道井、天窗等的位置；

4) 标明装饰造型、灯具、防火卷帘以及主要设施、设备、主要饰品的位置；

5) 标明顶棚的主要装饰装修材料及饰品的名称；

6) 标注顶棚主要装饰装修造型位置的设计标高；

7) 标注图纸名称、制图比例以及必要的索引符号、编号。

（4）方案设计的立面图绘制除应符合《房屋建筑室内装饰装修制图标准》（JGJ/T 244—2011）第 5.4 节的规定外，尚应符合下列规定：

1) 应标注立面范围内的轴线和轴线编号，以及立面两端轴线之间的尺寸；

2) 应绘制有代表性的立面，标明房屋建筑室内装饰装修完成面的底界面线和装饰装修完成面的顶界面线，标注房屋建筑室内主要部位装饰装修完成面的净高，并应根据需要标注楼层的层高；

3) 应绘制墙面和柱面的装饰装修造型、固定隔断、固定家具、门窗、栏杆、台阶等立面形状和位置，并应标注主要部位的定位尺寸；

4) 应标注主要装饰装修材料和部品部件的名称；

5) 标注图纸名称、制图比例以及必要的索引符号、编号。

（5）方案设计的剖面图绘制除应符合《房屋建筑室内装饰装修制图标准》（JGJ/T 244—2011）第 5.5 节的规定外，尚应符合下列规定：

1) 方案设计可不绘制剖面图，对于空间关系比较复杂、高度和层数不同的部位，应绘制剖面；

2) 应标明房屋建筑室内空间中高度方向的尺寸和主要部位的设计标高及总高度；

3) 当遇有高度控制时，尚应标明最高点的标高；

4) 标注图纸名称、制图比例以及必要的索引符号、编号。

104

（6）方案设计的效果图应反映方案设计的房屋建筑室内主要空间的装饰装修形态，并应符合下列要求：

1）应做到材料、色彩、质地真实，尺寸、比例准确；

2）应体现设计的意图及风格特征；

3）图面应美观，并应具有艺术性。

方案设计的效果图的表现部位应根据业主委托与设计要求确定。

3. 扩初设计图

（1）规模较大的房屋建筑室内装饰装修工程，根据需要，可绘制扩大初步设计图。

（2）扩大初步设计图的深度应符合下列规定：

1）应对设计方案进一步深化；

2）应能作为深化施工图的依据；

3）应能作为工程概算的依据；

4）应能作为主要材料和设备的订货依据。

（3）扩大初步设计应包括设计说明、平面图、顶棚平面图、主要立面图、主要剖面图等。

（4）平面图绘制除应符合本《房屋建筑室内装饰装修制图标准》（JGJ/T 244—2011）第 5.2 节的规定外，尚应标明或标注下列内容：

1）房屋建筑室内装饰装修设计的区域位置及范围；

2）房屋建筑室内装饰装修中对原建筑改造的内容及定位尺寸；

3）建筑图中柱网、承重墙以及需要装饰装修设计的非承重墙、建筑设施、设备的位置和尺寸；

4）轴线编号，并应使轴线编号与原建筑图相符；

5）轴线间尺寸及总尺寸；

6）房屋建筑室内装饰装修设计后的所有室内外墙体、门窗、管道井、电梯和自动扶梯、楼梯、平台、阳台、台阶、坡道等位置和使用的主要材料；

7）房间的名称和主要部位的尺寸，标明楼梯的上下方向；

8）固定的和可移动的装饰装修造型、隔断、构件、家具、陈设、厨卫设施、灯具以及其他配置、配饰的名称和位置；

9）定制部品部件的内容及所在位置；

10）门窗、橱柜或其他构件的开启方向和方式；

11）主要装饰装修材料和部品部件的名称；

12）建筑平面或空间的防火分区和防火分区分隔位置，以及安全出口位置示意，并应单独成图，当只有一个防火分区，可不注防火分区面积；

13）房屋建筑室内地面设计标高；

14）索引符号、编号、指北针、图纸名称和制图比例。

（5）顶棚平面图的绘制除应符合《房屋建筑室内装饰装修制图标准》（JGJ/T 244—2011）第5.3节的规定外，尚应标明或标注下列内容：

1）建筑图中柱网、承重墙以及房屋建筑室内装饰装修设计需要的非承重墙；

2）轴线编号，并使轴线编号与原建筑图相符；

3）轴线间尺寸及总尺寸；

4）房屋建筑室内装饰装修设计调整过后的所有室内外墙体、管井、天窗等的位置，必要部位的名称和主要尺寸；

5）装饰造型、灯具、防火卷帘以及主要设施、设备、主要饰品的位置；

6）顶棚的主要饰品的名称；

7）顶棚主要部位的设计标高；

8）索引符号、编号、指北针、图纸名称和制图比例。

（6）立面图绘制除应符合《房屋建筑室内装饰装修制图标准》（JGJ/T 244—2011）第5.4节的规定外，尚应绘制、标注或标明下列内容：

1）绘制需要设计的主要立面；

2）标注立面两端的轴线、轴线编号和尺寸；

3）标注房屋建筑室内装饰装修完成面的地面至顶棚的净高；

4）绘制房屋建筑室内墙面和柱面的装饰装修造型、固定隔断、固定家具、门窗、栏杆、台阶、坡道等立面形状和位置，标注主要部位的定位尺寸；

　　5）标明立面主要装饰装修材料和部品部件的名称；

　　6）标注索引符号、编号、图纸名称和制图比例。

　　（7）剖面应剖在空间关系复杂、高度和层数不同的部位和重点设计的部位。剖面图应准确、清楚地表示出剖到或看到的各相关部位内容，其绘制除应符合《房屋建筑室内装饰装修制图标准》（JGJ/T 244—2011）第 5.5 节的规定外，尚应标明或标注下列内容：

　　1）标明剖面所在的位置；

　　2）标注设计部位结构、构造的主要尺寸、标高、用材、做法；

　　3）标注索引符号、编号、图纸名称和制图比例。

4. 施工设计图

　　（1）施工设计图纸应包括平面图、顶棚平面图、立面图、剖面图、详图和节点图。

　　（2）施工图的平面图应包括设计楼层的总平面图、建筑现状平面图、各空间平面布置图、平面定位图、地面铺装图、索引图等。

　　（3）施工图中的总平面图除了应符合《房屋建筑室内装饰装修制图标准》（JGJ/T 244—2011）第 A.3.4 条的规定外，尚应符合下列规定：

　　1）应全面反映房屋建筑室内装饰装修设计部位平面与毗邻环境的关系，包括交通流线、功能布局等；

　　2）应详细注明设计后对建筑的改造内容；

　　3）应标明需做特殊要求的部位；

　　4）在图纸空间允许的情况下，可在平面图旁绘制需要注释的大样图。

　　（4）施工图中的平面布置图可分为陈设、家具平面布置图、部品部件平面布置图、设备设施布置图、绿化布置图、局部放大平面布置图等。平面布置图除应符合《房屋建筑室内装饰装修制图标准》（JGJ/T 244—2011）第 A.3.4 条的规定外，尚应符合下列规定：

　　1）陈设、家具平面布置图应标注陈设品的名称、位置、大小、必要的尺寸以及布置中需要说明的问题；应标注固定家具和可移动家具及隔断的位置、布置方向，以及柜门或橱门开启方向，并应标注家具的定位尺寸和其他必要的尺寸。必要时，还应确定家具上电器摆放的位置；

2）部品部件平面布置图应标注部品部件的名称、位置、尺寸、安装方法和需要说明的问题；

3）设备设施布置图应标明设备设施的位置、名称和需要说明的问题；

4）规模较小的房屋建筑室内装饰装修设计中陈设、家具平面布置图、设备设施布置图以及绿化布置图，可合并；

5）规模较大的房屋建筑室内装饰装修设计中应有绿化布置图，应标注绿化品种、定位尺寸和其他必要尺寸；

6）建筑单层面积较大，可根据需要绘制局部放大平面布置图，但应在各分区平面布置图适当位置上绘出分区组合示意图，并应明显表示本分区部位编号；

7）应标注所需的构造节点详图的索引号；

8）当照明、绿化、陈设、家具、部品部件或设备设施另行委托设计时，可根据需要绘制照明、绿化、陈设、家具、部品部件及设备设施的示意性和控制性布置图；

9）图纸的省略：对于对称平面，对称部分的内部尺寸可省略，对称轴部位应用对称符号表示，轴线号不得省略；楼层标准层可共用同一平面，但应注明层次范围及各层的标高。

（5）施工图中的平面定位图应表达与原建筑图的关系，并应体现平面图的定位尺寸。平面定位图除应符合《房屋建筑室内装饰装修制图标准》（JGJ/T 244—2011）第 A.3.4 条的规定外，尚应标注下列内容：

1）房屋建筑室内装饰装修设计对原建筑或房屋建筑室内装饰装修设计的改造状况；

2）房屋建筑室内装饰装修设计中新设计的墙体和管井等的定位尺寸、墙体厚度与材料种类，并注明做法；

3）房屋建筑室内装饰装修设计中新设计的门窗洞定位尺寸、

洞口宽度与高度尺寸、材料种类、门窗编号等；

4）房屋建筑室内装饰装修设计中新设计的楼梯、自动扶梯、平台、台阶、坡道等的定位尺寸、设计标高及其他必要尺寸，并注明材料及其做法；

5）固定隔断、固定家具、装饰造型、台面、栏杆等的定位尺寸和其他必要尺寸，并注明材料及其做法。

（6）施工图中的地面铺装图除应符合《房屋建筑室内装饰装修制图标准》（JGJ/T 244—2011）第 A.3.4、A.4.4 条的规定外，尚应标注下列内容：

1）地面装饰材料的种类、拼接图案、不同材料的分界线；

2）地面装饰的定位尺寸、规格和异形材料的尺寸、施工做法；

3）地面装饰嵌条、台阶和梯段防滑条的定位尺寸、材料种类及做法。

（7）房屋建筑室内装饰装修设计需绘制索引图。索引图应注明立面、剖面、详图和节点图的索引符号及编号，并可增加文字说明帮助索引，在图面比较拥挤的情况下，可适当缩小图面比例。

（8）施工图中的顶棚平面图应包括装饰装修楼层的顶棚总平面图、顶棚综合布点图、顶棚装饰灯具布置图、各空间顶棚平面图等。

（9）施工图中顶棚总平面图的绘制除应符合《房屋建筑室内装饰装修制图标准》（JGJ/T 244—2011）第 A.3.5 条的规定外，尚应符合下列规定：

1）应全面反映顶棚平面的总体情况，包括顶棚造型、顶棚装饰、灯具布置、消防设施及其他设备布置等内容；

2）应标明需做特殊工艺或造型的部位；

3）应标注顶面装饰材料的种类、拼接图案、不同材料的分界线；

4）在图纸空间允许的情况下，可在平面图旁边绘制需要注释的大样图。

（10）施工图中顶棚平面图的绘制除应符合《房屋建筑室内装饰装修制图标准》（JGJ/T 244—2011）第 A.3.5 条的规定外，尚应符合下列规定：

1) 应标明顶棚造型、天窗、构件、装饰垂挂物及其他装饰配置和饰品的位置，注明定位尺寸、标高或高度、材料名称和做法；

2) 建筑单层面积较大，可根据需要单独绘制局部的放大顶棚图，但应在各放大顶棚图的适当位置上绘出分区组合示意图，并应明显地表示本分区部位编号；

3) 应标注所需的构造节点详图的索引号；

4) 表述内容单一的顶棚平面，可缩小比例绘制；

5) 图纸的省略：对于对称平面，对称部分的内部尺寸可省略，对称轴部位应用对称符号表示，但轴线号不得省略；楼层标准层可共用同一顶棚平面，但应注明层次范围及各层的标高。

(11) 施工图中的顶棚综合布点图除应符合《房屋建筑室内装饰装修制图标准》（JGJ/T 244—2011）第 A.3.5 条的规定外，还应标明顶棚装饰装修造型与设备设施的位置、尺寸关系。

(12) 施工图中顶棚装饰灯具布置图的绘制除应符合《房屋建筑室内装饰装修制图标准》（JGJ/T 244—2011）第 A.3.4 条的规定外，还应标注所有明装和暗藏的灯具（包括火灾和事故照明灯具）、发光顶棚、空调风口、喷头、探测器、扬声器、挡烟垂壁、防火卷帘、防火挑檐、疏散和指示标志牌等的位置，标明定位尺寸、材料名称、编号及做法。

(13) 施工图中立面图的绘制除应符合《房屋建筑室内装饰装修制图标准》（JGJ/T 244—2011）第 A.3.6 条的规定外，尚应符合下列规定：

1) 应绘制立面左右两端的墙体构造或界面轮廓线、原楼地面至装修楼地面的构造层、顶棚面层装饰装修的构造层；

2) 应标注设计范围内立面造型的定位尺寸及细部尺寸；

3) 应标注立面投视方向上装饰物的形状、尺寸及关键控制标高；

4) 应标明立面上装饰装修材料的种类、名称、施工工艺、拼接图案、不同材料的分界线；

5) 应标注所需要构造节点详图的索引号；

6）对需要特殊和详细表达的部位，可单独绘制其局部放大立面图，并应标明其索引位置；

7）无特殊装饰装修要求的立面，可不画立面图，但应在施工说明中或相邻立面的图纸上予以说明；

8）各个方向的立面应绘齐全，对于差异小、左右对称的立面可简略，但应在与其对称的立面的图纸上予以说明；中庭或看不到的局部立面，可在相关剖面图上表示，当剖面图未能表示完全时，应单独绘制；

9）对于影响房屋建筑室内装饰装修设计效果的装饰物、家具、陈设品、灯具、电源插座、通信和电视信号插孔、空调控制器、开关、按钮、消火栓等物体，宜在立面图中绘制出其位置。

（14）施工图中的剖面图应标明平面图、顶棚平面图和立面图中需要清楚表达的部位。剖面图除应符合《房屋建筑室内装饰装修制图标准》（JGJ/T 244—2011）第 A.3.7 条的规定外，尚应符合下列规定：

1）应标注平面图、顶棚平面图和立面图中需要清楚表达部分的详细尺寸、标高、材料名称、连接方式和做法；

2）剖切的部位应根据表达的需要确定；

3）标注所需的构造节点详图的索引号。

（15）施工图应将平面图、顶棚平面图、立面图和剖面图中需要更清晰表达的部位索引出来，并应绘制详图或节点图。

（16）施工图中的详图的绘制应符合下列规定：

1）应标明物体的细部、构件或配件的形状、大小、材料名称及具体技术要求，注明尺寸和做法；

2）对于在平、立、剖面图或文字说明中对物体的细部形态无法交代或交代不清的，可绘制详图；

3）应标注详图名称和制图比例。

（17）施工图中节点图的绘制应符合下列规定：

1）应标明节点处构造层材料的支撑、连接的关系，标注材料的名称及技术要求，注明尺寸和构造做法；

2）对于在平、立、剖面图或文字说明中对物体的构造做法无法交代或交代不清的，可绘制节点图；

　　3）应标注节点图名称和制图比例。

　　5. 变更设计图

　　变更设计应包括变更原因、变更位置、变更内容等。变更设计的形式可采取图纸的形式，也可采取文字说明的形式。

　　6. 竣工图

　　竣工图的制图深度应与施工图的制图深度一致，其内容应能完整记录施工情况，并应满足工程决算、工程维护以及存档的要求。

2.2.3 装饰装修施工图尺寸标注

　　在绘制工程图样时，图形仅表达物体的形状，还必须标注完整的尺寸数据且配以相关文字说明，才能作为施工等工作的依据。

　　1. 尺寸界线、尺寸线及尺寸起止符号

　　（1）图样上的尺寸，包括尺寸界线、尺寸线、尺寸起止符号和尺寸数字（图 2-43）。

　　（2）尺寸界线应用细实线绘制，一般应与被注长度垂直，其一端应离开图样轮廓线不应小于 2mm，另一端宜超出尺寸线 2～3mm。图样轮廓线可用作尺寸界线（图 2-44）。

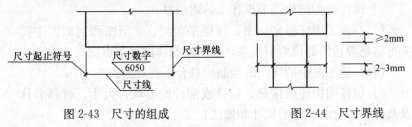

图 2-43　尺寸的组成　　　　　图 2-44　尺寸界线

　　（3）尺寸线应用细实线绘制，应与被注长度平行。图样本身的任何图线均不得用作尺寸线。

　　（4）尺寸起止符号一般用中粗斜短线绘制，其倾斜方向应与尺寸界线成顺时针 45°角，长度宜为 2～3mm。也可用黑色圆点绘制，其直径宜为 1mm。半径、直径、角度与弧长的尺寸起止符号，宜用箭头表示（图 2-45）。

尺寸起止符号一般情况下可以用斜短线也可以用小圆点，圆弧的直径、半径等用箭头。轴测图中用小圆点，效果还是相对较好的。

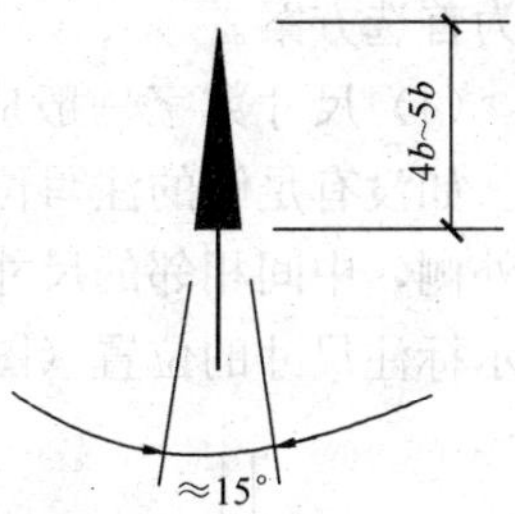

2. 尺寸数字

（1）图样上的尺寸，应以尺寸数字为准，不得从图上直接量取。

（2）图样上的尺寸单位，除标高及总平面以米为单位外，其他必须以毫米为单位。

图 2-45　箭头尺寸起止符号

（3）尺寸数字的方向，应按图 2-46（a）的规定注写。若尺寸数字在 30°斜线区内，也可按图 2-46（b）的形式注写。

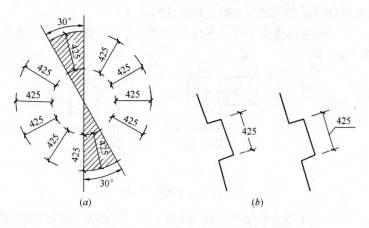

图 2-46　尺寸数字的注写方向
（a）尺寸数字的注写方向；（b）尺寸数字在 30°斜线区内的注写方向

按图 2-46 所示，尺寸数字的注写方向与阅读方向规定为：当尺寸线为竖直时，尺寸数字注写在尺寸线的左侧，字头朝左；其他任何方向，尺寸数字字头应保持向上，且注写在尺寸线的上方，如果在 30°斜线区内注写时，容易引起误解，故推荐采用两种水平注写方式。

图 2-46（a）中斜线区内尺寸数字注写方式为软件默认方式，图 2-46（b）注写方式比较适合手绘操作。因此，《房屋建筑室内装饰装修制图标准》（JGJ/T 244—2011）将图 2-46（a）注写方式

定为首选方案。

（4）尺寸数字一般应依据其方向注写在靠近尺寸线的上方中部。如没有足够的注写位置，最外边的尺寸数字可注写在尺寸界线的外侧，中间相邻的尺寸数字可上下错开注写，引出线端部用圆点表示标注尺寸的位置（图2-47）。

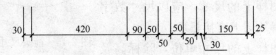

图 2-47　尺寸数字的注写位置

3. 尺寸的排列与布置

（1）尺寸分为总尺寸、定位尺寸、细部尺寸三种。绘图时，应根据设计深度和图纸用途确定所需注写的尺寸。

（2）尺寸标注应清晰，不应与图线、文字及符号等相交或重叠（图2-48）。

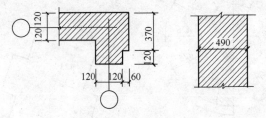

图 2-48　尺寸数字的注写

如果尺寸标注在图样轮廓线以内时，尺寸数字处的图线应断开。另外图样轮廓线也可用作尺寸界限。

（3）尺寸宜标注在图样轮廓以外，当需要标注在图样内时，不应与图线文字及符号等相交或重叠。

（4）互相平行的尺寸线，应从被注写的图样轮廓线由近向远整齐排列，较小尺寸应离轮廓线较近，较大尺寸应离轮廓线较远（图2-49）。

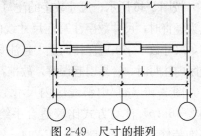

图 2-49　尺寸的排列

114

（5）图样轮廓线以外的尺寸界线，距图样最外轮廓之间的距离，不宜小于 10mm。平行排列的尺寸线的间距，宜为 7~10mm，并应保持一致（图 2-48）。

（6）总尺寸的尺寸界线应靠近所指部位，中间的分尺寸的尺寸界线可稍短，但其长度应相等（图 2-49）。

（7）总尺寸应标注在图样轮廓以外。定位尺寸及细部尺寸可根据用途和内容注写在图样外或图样内相应的位置。注写要求应符合《房屋建筑室内装饰装修制图标准》（JGJ/T 244—2011）第 3.10.3 条的规定。

（8）尺寸标注和标高注写应符合下列规定：

1）立面图、剖面图及详图应标注标高和垂直方向尺寸；不易标注垂直距离尺寸时，可在相应位置表示标高（图 2-50）；

2）各部分定位尺寸及细部尺寸应注写净距离尺寸或轴线间尺寸；

3）标注剖面或详图各部位的定位尺寸时，应注写其所在层次内的尺寸（图 2-51）；

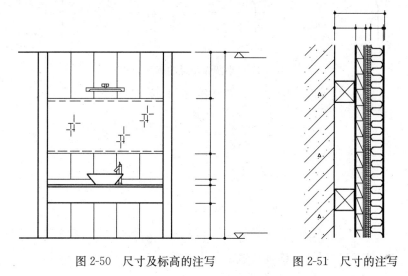

图 2-50　尺寸及标高的注写　　　　图 2-51　尺寸的注写

4）图中连续等距重复的图样，当不易标明具体尺寸时，可按现行国家标准《建筑制图标准》（GB/T 50104—2010）的规定表示；

5）对于不规则图样，可用网格形式标注尺寸，标注方法应符合现行国家标准《房屋建筑制图统一标准》（GB/T 50001—2010）的规定。

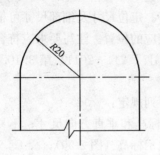

图 2-52　半径标注方法

4. 半径、直径、球的尺寸标注

（1）半径的尺寸线应一端从圆心开始，另一端画箭头指向圆弧。半径数字前应加注半径符号"R"（图 2-52）。

加注半径符号 R 时，"R20"不能注写为"$R=20$"或"$r=20$"。

（2）较小圆弧的半径，可按图 2-53 形式标注。

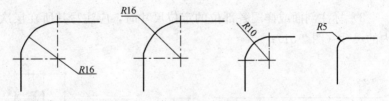

图 2-53　小圆弧半径的标注方法

（3）较大圆弧的半径，可按图 2-54 形式标注。

图 2-54　大圆弧半径的标注方法

（4）标注圆的直径尺寸时，直径数字前应加直径符号"ϕ"。在圆内标注的尺寸线应通过圆心，两端画箭头指至圆弧（图 2-55）。

（5）较小圆的直径尺寸，可标注在圆外（图 2-56）。

加注直径符号 ϕ 时，"ϕ"不能注写为"$\phi=60$"、"$D=60$"或

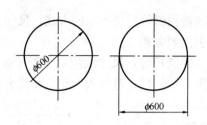

图 2-55　圆直径的标注方法

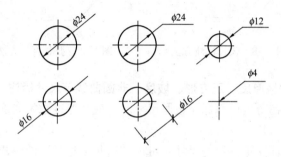

图 2-56　小圆直径的标注方法

"$d=60$"。

（6）标注球的半径尺寸时，应在尺寸前加注符号"SR"。标注球的直径尺寸时，应在尺寸数字前加注符号"$S\phi$"。注写方法与圆弧半径和圆直径的尺寸标注方法相同。

5. 角度、弧度、弧长的标注

（1）角度的尺寸线应以圆弧表示。该圆弧的圆心应是该角的顶点，角的两条边为尺寸界线。起止符号应以箭头表示，如没有足够位置画箭头，可用圆点代替，角度数字应沿尺寸线方向注写（图2-57）。

（2）标注圆弧的弧长时，尺寸线应以与该圆弧同心的圆弧线表示，尺寸界线应指向圆心，起止符号用箭头表示，弧长数字上方应加注圆弧符号"⌒"（图 2-58）。

图 2-57　角度标注方法

根据计算机制图的特点，弧长数字的注写方法改为软件较易实

117

现的在数字前方加注圆弧符号"⌒"的方式，尺寸界线也改为更容易理解的沿径向引出的方式。

（3）标注圆弧的弦长时，尺寸线应以平行于该弦的直线表示，尺寸界线应垂直于该弦，起止符号用中粗斜短线表示（图 2-59）。

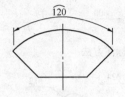 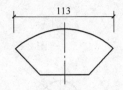

图 2-58　弧长标注方法　　　　　图 2-59　弦长标注方法

6. 薄板厚度、正方形、坡度、非圆曲线等尺寸标注

（1）在薄板板面标注板厚尺寸时，应在厚度数字前加厚度符号"t"（图 2-60）。

（2）标注正方形的尺寸，可用"边长×边长"的形式，也可在边长数字前加正方形符号"□"（图 2-61）。

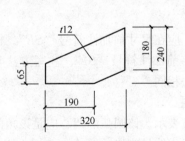 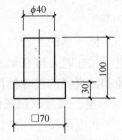

图 2-60　薄板厚度标注方法　　　　图 2-61　标注正方形尺寸

正方形符号"□"与直径符号"ϕ"的标注方法一样。

（3）标注坡度时，应加注坡度符号"∠"（图 2-62a、图 2-62b），该符号为单面箭头，箭头应指向下坡方向。坡度也可用直角三角形形式标注（图 2-62c）。

注意坡度的符号是单面箭头，而不是双面箭头。

（4）外形为非圆曲线的构件，可用坐标形式标注尺寸（图 2-63）。

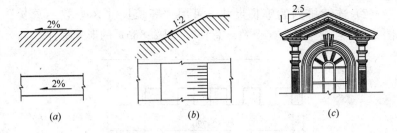

图 2-62　坡度标注方法

(a) 坡度标注形式一；(b) 坡度标注形式二；(c) 坡度标注形式三

（5）复杂的图形，可用网格形式标注尺寸（图 2-64）。

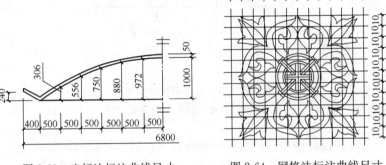

图 2-63　坐标法标注曲线尺寸　　　图 2-64　网格法标注曲线尺寸

7. 尺寸的简化标注

（1）杆件或管线的长度，在单线图(桁架简图、钢筋简图、管线简图)上，可直接将尺寸数字沿杆件或管线的一侧注写(图 2-65)。

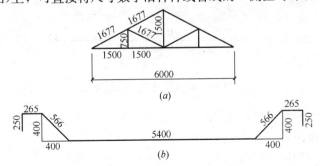

图 2-65　单线图尺寸标注方法

(a) 标注形式一；(b) 标注形式二

119

（2）连续排列的等长尺寸，可用"等长尺寸×个数＝总长"（图 2-66a）或"等分×个数＝总长"（图 2-66b）的形式标注。

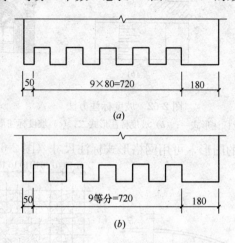

图 2-66 等长尺寸简化标注方法

(a) 标注形式一；(b) 标注形式二

（3）设计图中连续重复的构配件等，当不易标明定位尺寸时，可在总尺寸的控制下，定位尺寸不用数值而用"均分"或"EQ"字样表示，如图 2-67 所示。

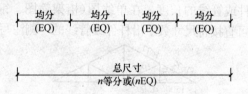

图 2-67 均分尺寸简化标注方法

（4）构配件内的构造因素（如孔、槽等）如相同，可仅标注其中一个要素的尺寸（图 2-68）。

所谓相同的构造要素，是指一个图样中构造的形状、大小相同且距离均匀相等的孔、洞、构件等。

（5）对称构配件采用对称省略画法时，该对称构配件的尺寸线

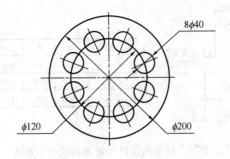

图 2-68 相同要素尺寸标注方法

应略超过对称符号，仅在尺寸线的一端画尺寸起止符号，尺寸数字应按整体全尺寸注写，其注写位置宜与对称符号对齐（图 2-69）。

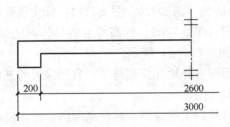

图 2-69 对称构件尺寸标注方法

（6）两个构配件，如个别尺寸数字不同，可在同一图样中将其中一个构配件的不同尺寸数字注写在括号内，该构配件的名称也应注写在相应的括号内（图 2-70）。

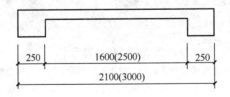

图 2-70 相似构件尺寸标注方法

（7）数个构配件，如仅某些尺寸不同，这些有变化的尺寸数字，可用拉丁字母注写在同一图样中，另列表格写明其具体尺寸（图 2-71）。

121

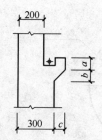

构件编号	a	b	c
Z-1	200	50	100
Z-2	250	100	100
Z-3	200	100	150

图 2-71　相似构配件尺寸表格式标注方法

8. 标高

（1）房屋建筑室内装饰装修设计中，设计空间应标注标高，标高符号可采用直角等腰三角形（图 2-72a），也可采用涂黑的三角形或 90°对顶角的圆（图 2-72b、图 2-72c），标注顶棚标高时也可采用 CH 符号表示（图 2-72d）。标高符号的具体画法如图 2-72（e）、图 2-72（f）、图 2-72（g）所示。

（2）总平面图室外地坪标高符号，宜用涂黑的三角形表示，具体画法如图 2-73 所示。

（3）标高符号的尖端应指至被注高度的位置。尖端宜向下，也可向上。标高数字应注写在标高符号的上侧或下侧（图 2-74）。

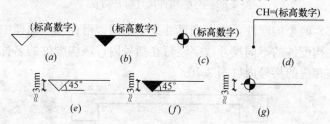

图 2-72　标高符号

（a）直角等腰三角形；（b）涂黑的三角形；（c）对顶角的圆

（d）CH 符号；（e）画法一；（f）画法二；（g）画法三

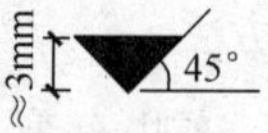

图 2-73　总平面图室外
地坪标高符号

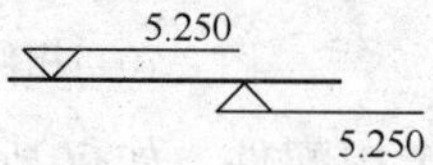

图 2-74　标高的指向

122

当标高符号指向下时，标高数字注写在左侧或者右侧横线的上方；当标高符号指向上时，标高数字注写在左侧或者右侧横线的下方。

（4）标高数字应以米为单位，注写到小数点以后第三位。在总平面图中，可注写到小数字点以后第二位。

（5）零点标高应注写成±0.000，正数标高不注"＋"，负数标高应注"－"，例如 3.000、－0.600。

9.600
6.400
3.200

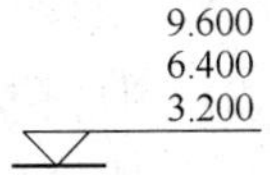

图 2-75　同一位置注写多个标高数字

（6）在图样的同一位置需表示几个不同标高时，标高数字可按图 2-75 的形式注写。

同时注写几个标高时，应按照数值大小从上到下顺序书写。

标高是能够反映工程物体的绝对高度与相对高度的符号，在总图上等高线所标注的高度为绝对标高，工程物体上的标高为相对标高。

2.2.4　装饰装修工程常用图例

1. 一般规定

房屋建筑室内装饰装修材料的图例画法应符合现行国家标准《房屋建筑制图统一标准》（GB/T 50001—2010）的规定，具体规定如下：

（1）《房屋建筑制图统一标准》（GB/T 50001—2010）只规定常用建筑材料的图例画法，对其尺度比例不作具体规定。使用时，应根据图样大小而定，并应符合下列规定：

1）图例线应间隔均匀，疏密适度，做到图例正确，表示清楚；

2）不同品种的同类材料使用同一图例时（如某些特定部位的石膏板必须注明是防水石膏板时），应在图上附加必要的说明；

3）两个相同的图例相接时，图例线宜错开或使倾斜方向相反（图 2-76）；

4）两个相邻的涂黑图例（如混凝土构件、金属件）间，应留有空隙。其净宽度不得小于 0.5mm（图 2-77）。

（2）下列情况可不加图例，但应加文字说明：

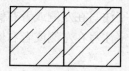 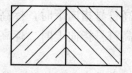

图 2-76　相同图例相接时的画法

1）一张图纸内的图样只用一种图例时；

2）图形较小无法画出建筑材料图例时。

（3）需画出的建筑材料图例面积过大时，可在断面轮廓线内，沿轮廓线作局部表示（图 2-78）。

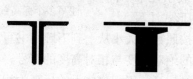 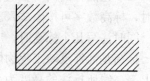

图 2-77　相邻涂黑图例的画法　　图 2-78　局部表示图例

2. 常用房屋建筑室内装饰装修材料图例

（1）常用房屋建筑材料、装饰装修材料的剖面图例应按表2-11所示图例画法绘制。

常用房屋建筑室内装饰装修材料剖面图例　　表 2-11

序号	名称	图例（剖面）	备　注
1	夯实土壤		—
2	砂砾石、碎砖三合土		—
3	石材		注明厚度
4	毛石		必要时注明石料块面大小及品种
5	普通砖		包括实心砖、多孔砖、砌块等砌体。断面较窄不易绘出图例线时，可涂黑，并在备注中加注说明，画出该材料图例

序号	名称	图例（剖面）	备 注
6	轻质砌块砖		指非承重砖砌体
7	轻钢龙骨板材隔墙		注明材料品种
8	饰面砖		包括铺地砖、墙面砖、陶瓷锦砖等
9	混凝土		1. 指能承重的混凝土； 2. 各种强度等级、骨料、添加剂的混凝土； 3. 断面图形小，不易画出图例线时，可涂黑
10	钢筋混凝土		1. 指能承重的钢筋混凝土； 2. 各种强度等级、骨料、添加剂的混凝土； 3. 在剖面图上画出钢筋时，不画图例线； 4. 断面图形小，不易画出图例线时，可涂黑
11	多孔材料		包括水泥珍珠岩、沥青珍珠岩、泡沫混凝土、非承重加气混凝土、软木、蛭石制品等
12	纤维材料		包括矿棉、岩棉、玻璃棉、麻丝、木丝板、纤维板等
13	泡沫塑料材料		1. 包括聚苯乙烯、聚乙烯、聚氨酯等多孔聚合物类材料； 2. 若对于手工制图难以绘制蜂窝状图案时，可使用"多孔材料"图例并增加文字说明，或自行设定其他表示方法

序号	名称	图例（剖面）	备　注
14	密度板		注明厚度
15	木材	垫木、木砖或木龙骨 横断面	—
16	胶合板		注明厚度或层数
17	多层板		注明厚度或层数
18	木工板		注明厚度
19	石膏板		1. 注明厚度； 2. 注明石膏板品种名称
20	金属		1. 包括各种金属，注明材料名称； 2. 图形小时，可涂黑
21	液体		注明具体液体名称
22	玻璃砖		注明厚度
23	普通玻璃		注明材质、厚度
24	橡胶		—

126

序号	名称	图例（剖面）	备注
25	塑料		包括各种软、硬塑料及有机玻璃等
26	地毯		注明种类
27	防水材料		注明材质、厚度
28	粉刷		本图例采用较稀的点
29	窗帘	立面	箭头所示为开启方向
30	砂、灰土		靠近轮廓线绘制较密的点
31	胶粘剂		—

注：序号1、3、5、6、10、11、16、17、20、24、25 图例中的斜线、短斜线、交叉斜线均为45°。

（2）常用房屋建筑材料、装饰装修材料的平、立图例可按表2-12 所示图例画法绘制。

常用房屋建筑室内装饰装修材料平、立面图例　　　表 2-12

序号	名称	图例（平、立面）	备注
1	混凝土		—
2	钢筋混凝土		—
3	泡沫塑料材料		—

序号	名称	图例（平、立面）	备　注
4	金属		—
5	不锈钢		—
6	液体		注明具体液体名称
7	普通玻璃		注明材质、厚度
8	磨砂玻璃		1. 注明材质、厚度； 2. 本图例采用较均匀的点
9	夹层（夹绢、夹纸）玻璃		注明材质、厚度
10	镜面		注明材质、厚度
11	镜面石材		—
12	毛面石材		—
13	大理石		
14	文化石立面		—

序号	名称	图例（平、立面）	备 注
15	砖墙立面		—
16	木饰面	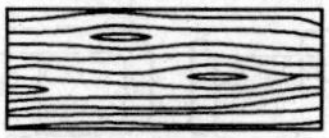	—
17	木地板	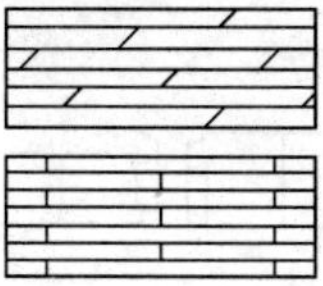	—
18	墙纸	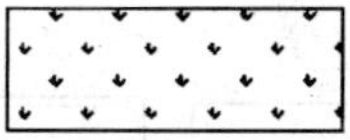	—
19	软包/扣皮	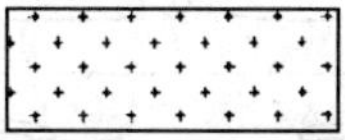	—
20	马赛克	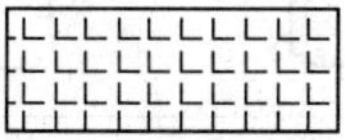	—
21	地毯		—

注：序号 2、4、5、7、9、11、12 图例中的斜线、短斜线、交叉斜线等均为 45°。

（3）当采用《房屋建筑室内装饰装修制图标准》（JGJ/T 244—2011）图例中未包括的建筑装饰装修材料时，可自编图例，但不得与本标准所列的图例重复，且在绘制时，应在适当位置画出该材料图例，并应加以说明。下列情况，可不画建筑装饰装修材料图例，但应加文字说明：

1）图纸内的图样只用一种图例时；

2）图形较小无法画出建筑装饰装修材料图例时；

3）图形较复杂，画出建筑装饰装修材料图例影响图纸理解时。

3. 常用家具图例

常用家具图例可按表 2-13 所示图例画法绘制。

常用家具图例 表 2-13

序号	号　称		图　例	备　注
1	沙发	单人沙发		
		双人沙发		
		三人沙发		
2	办公桌			1. 立面样式根据设计自定； 2. 其他家具图例根据设计自定
3	椅	办公椅		
		休闲椅		
		躺椅		
4	床	单人床		
		双人床		

序号	号 称		图 例	备 注
5	橱柜	衣柜		1. 柜体的长度及立面样式根据设计自定； 2. 其他家具图例根据设计自定
		低柜		
		高柜		

4. 常用电器图例

常用电器图例可按表 2-14 所示图例画法绘制。

常用电器图例　　　　　　　　表 2-14

序号	名 称	图 例	备 注
1	电视	TV	1. 立面样式根据设计自定； 2. 其他电器图例根据设计自定
2	冰箱	REF	
3	空调	A C	
4	洗衣机	W M	
5	饮水机	WD	
6	电脑	PC	
7	电话	TEL	

5. 常用厨具图例

常用厨具图例应按表 2-15 所示图例画法绘制。

常用厨具图例 表 2-15

序号	名　称		图　　例	备　注
1	灶具	单头灶		1. 立面样式根据设计自定； 2. 其他厨具图例根据设计自定
		双头灶	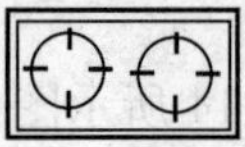	
		三头灶	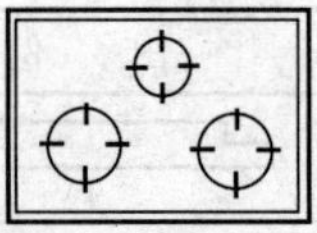	
		四头灶	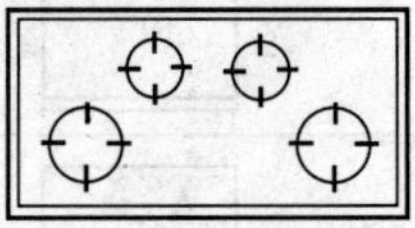	
		六头灶	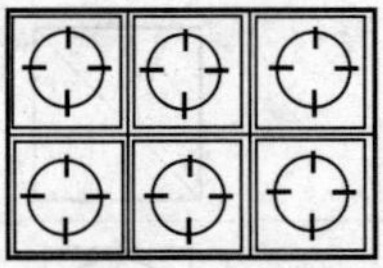	
2	水槽	单盆	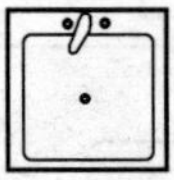 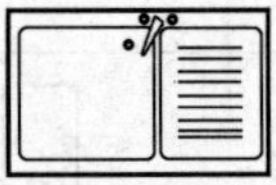	
		双盆	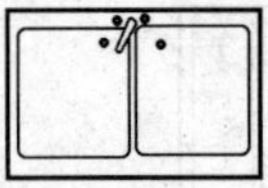 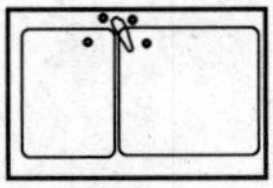	

132

6. 常用洁具图例

常用洁具图例宜按表 2-16 所示图例画法绘制。

<table>
<tr><td colspan="8" align="center">常用洁具图例</td><td align="right">表 2-16</td></tr>
<tr><td>序号</td><td colspan="2">名　　称</td><td colspan="3" align="center">图　　例</td><td colspan="2" align="center">备　　注</td></tr>
<tr><td rowspan="2">1</td><td rowspan="2">大便器</td><td>坐式</td><td colspan="3"></td><td colspan="2" rowspan="4"></td></tr>
<tr><td>蹲式</td><td colspan="3"></td></tr>
<tr><td>2</td><td colspan="2">小便器</td><td colspan="3"></td></tr>
<tr><td rowspan="3">3</td><td rowspan="3">台盆</td><td>立式</td><td colspan="3"></td><td colspan="2" rowspan="3">1. 立面样式根据设计自定；
2. 其他洁具图例根据设计自定</td></tr>
<tr><td>台式</td><td colspan="3"></td></tr>
<tr><td>挂式</td><td colspan="3"></td></tr>
<tr><td>4</td><td colspan="2">污水池</td><td colspan="3"></td><td colspan="2"></td></tr>
</table>

序号	名　称	图　例	备　注
5	浴缸	长方形 三角形 圆形	1. 立面样式根据设计自定； 2. 其他洁具图例根据设计自定
6	淋浴房		

7. 室内常用景观配饰图例

室内常用景观配饰图例宜按表 2-17 所示图例画法绘制。

室内常用景观配饰图例

表 2-17

序号	名　称	图　例	备　注
1	阔叶植物		1. 立面样式根据设计自定； 2. 其他景观配饰图例根据设计自定
2	针叶植物		
3	落叶植物		

序号	名 称		图 例	备 注
4	盆景类	树桩类		
		观花类		
		观叶类		
		山水类		
5	插花类			
6	吊挂类			1. 立面样式根据设计自定; 2. 其他景观配饰图例根据设计自定
7	棕榈植物			
8	水生植物			
9	假山石			
10	草坪			
11	铺地	卵石类		
		条石类		
		碎石类		

2.3 装饰装修施工图识读步骤

2.3.1 装饰装修施工图识读一般规定

看图纸必须学会看图方法，首先弄清是什么图纸，根据图纸的特点来看，应做到："从上往下看、从左向右看、由外向里看、由大到小看、由粗到细看，图样与说明对照看，建筑与结施结合看"。必要时还应把设备图拿来参照看，这样看图才能够收到较好的效果。

但由于图面上的各种线条纵横交错，各种图例、符号密密麻麻，对于初学者来说，必须认真仔细，并且要花费较长时间才能把图看懂。

2.3.2 装饰装修施工图识读步骤

1. 看图样目录

装饰施工图有自己的目录，包括图别、图号及图样内容。一套完整的装饰工程图样，数量较多，为了方便阅读、查找、归档，应编制相应的图样目录，它是设计图样的汇总表。图样目录一般均以表格的形式表示。

规模较大的建筑装饰装修工程设计，图样数量一般较大，需要分册装订，通常为了便于施工作业，以楼层或功能分区为单位进行编制，但是每个编制分册都应包括图样总目录。

图纸齐全后便可以按图纸顺序看图了。

2. 看设计说明

看图顺序是首先看设计总说明，了解建筑概况及技术要求等，然后看图。一般按照目录的排列往下逐张看图，如先看建筑总平面图，了解建筑物的地理位置、坐标、高程、朝向，以及与建筑有关的一些情况。

设计说明主要包括工程概况、设计依据、施工图设计说明及施工说明等。具体内容包括：

（1）工程名称、工程地点与建设单位。

（2）工程的原始情况、建筑面积、装饰等级、设计范围与主要目的。

（3）施工图设计依据。

（4）施工图设计说明应表明装饰设计在结构与设备等技术方面对原有建筑进行改动的情况，应包括建筑装饰的类别、防火等级、防火设备、防火分区、防火门等设施的消防设计说明，以及对工程可能涉及的声、电、光、防尘、防潮、防腐蚀、防辐射等设施的消防设计说明。

（5）对设计中所采用的新技术、新工艺、新设备与新材料情况进行说明。

2.4 装饰装修施工平面图识读技巧

装饰平面图包括装饰平面布置图和天棚平面图。

装饰平面布置图是假想用一个水平的剖切平面，在窗台上方位置，将经过内外装饰的房屋整个剖开，移去以上部分向下所作的水平投影图。它的作用主要是用来表明建筑室内外各种装饰布置的平面形状、位置、大小和所用材料；表明这些布置与建筑主体结构之间，以及这些布置与布置之间的相互关系等。

天棚平面图有两种形成方法：一种是假想房屋水平剖开后，移去下面部分向上作直接正投影而成；另一种是采用镜像投影法，将地面视为镜面，对镜中天棚的形象作正投影而成。天棚平面图一般都采用镜像投影法绘制。天棚平面图的作用主要是用来表明天棚装饰的平面形式、尺寸和材料，以及灯具和其他各种室内顶部设施的位置和大小等。

装饰平面布置图和天棚平面图，都是建筑装饰施工放样、制作安装、预算和备料，以及绘制室内有关设备施工图的重要依据。

上述两种平面图，其中以平面布置图的内容尤其繁杂，加上它控制了水平向纵横两轴的尺寸数据，其他视图又多由它引出，因此是我们识读建筑装饰施工图的基础和重点。

2.4.1 装饰平面布置图

1. 装饰平面布置图的主要内容和表示方法

（1）建筑平面基本结构和尺寸：装饰平面布置图是在图示建筑平面图的有关内容。包括建筑平面图上由剖切引起的墙柱断面和门窗洞口、定位轴线及其编号、建筑平面结构的各部尺寸、室外台阶、雨篷、花台、阳台及室内楼梯和其他细部布置等内容。上述内容，在无特殊要求的情况下，均应按照原建筑平面图套用，具体表示方法与建筑平面图相同。

当然，装饰平面布置图应突出装饰结构与布置，对建筑平面图上的内容也不是丝毫不漏的完全照搬。

（2）装饰结构的平面形式和位置：装饰平面布置图需要表明楼地面、门窗和门窗套、护壁板或墙裙、隔断、装饰柱等装饰结构的平面形式和位置。

（3）室内外配套装饰设置的平面形状和位置：装饰平面布置图还要标明室内家具、陈设、绿化、配套产品和室外水池、装饰小品等配套设置体的平面形状、数量和位置。这些布置当然不能将实物原形画在平面布置图上，只能借助一些简单、明确的图例来表示。

2. 装饰平面布置图的阅读要点

（1）看装饰平面布置图要先看图名、比例、标题栏，认定该图是什么平面图。再看建筑平面基本结构及其尺寸，把各房间名称、面积，以及门窗、走廊、楼梯等的主要位置和尺寸了解清楚。然后看建筑平面结构内的装饰结构和装饰设置的平面布置等内容。

（2）通过对各房间和其他空间主要功能的了解，明确为满足功能要求所设置的设备与设施的种类、规格和数量，以便制定相关的购买计划。

（3）通过图中对装饰面的文字说明，了解各装饰面对材料规格、品种、色彩和工艺制作的要求，明确各装饰面的结构材料与饰面材料的衔接关系与固定方式，并结合面积作材料计划和施工安排计划。

（4）面对众多的尺寸，要注意区分建筑尺寸和装饰尺寸。在装

138

饰尺寸中，又要能分清其中的定位尺寸、外形尺寸和结构尺寸。

定位尺寸是确定装饰面或装饰物在平面布置图上位置的尺寸。在平面图上需两个定位尺寸才能确定一个装饰物的平面位置，其基准往往是建筑结构面。

外形尺寸是装饰面或装饰物的外轮廓尺寸，由此可确定装饰面或装饰物的平面形状与大小。

结构尺寸是组成装饰面和装饰物各构件及其相互关系的尺寸。由此可确定各种装饰材料的规格，以及材料之间、材料与主体结构之间的连接固定方法。

平面布置图上为了避免重复，同样的尺寸往往只代表性地标注一个，读图时要注意将相同的构件或部件归类。

（5）通过平面布置图上的投影符号，明确投影面编号和投影方向，并进一步查出各投影方向的立面图。

（6）通过平面布置图上的剖切符号，明确剖切位置及其剖视方向，进一步查阅相应的剖面图。

（7）通过平面布置图上的索引符号，明确被索引部位及详图所在位置。

概括起来，阅读装饰平面布置图应抓住面积、功能、装饰面、设施以及与建筑结构的关系这五个要点。

3. 装饰平面布置图的识读

现以某宾馆会议室来举例说明平面布置图的内容，如图 2-79 所示。

（1）图上尺寸内容有三种：一是建筑结构体的尺寸；二是装饰布局和装饰结构的尺寸；三是家具、设备等尺寸。如会议室平面为三开间，长自⑥轴到⑦轴线共 14m，宽自ⓒ轴到ⓕ轴线共 6.3m，ⓕ轴线向上有局部突出；各室内柱面、墙面均采用白橡木板装饰，尺寸见图；室内主要家具有橡木制船形会议桌、真皮转椅，及局部突出的展示台和大门后角的茶具柜等家具设备。

（2）表明装饰结构的平面布置、具体形状及尺寸，饰面的材料和工艺要求。通常装饰体随建筑结构而做，如本图的墙、柱面的装饰。但有时为了丰富室内空间、增加变化和新意，而将建筑平面

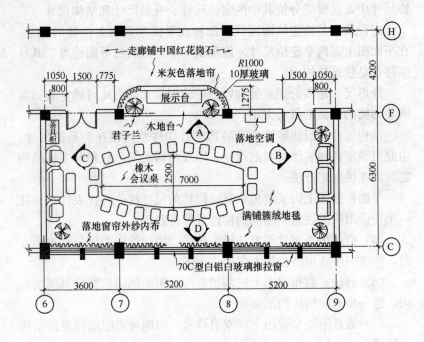

图 2-79 会议室平面布置图

在不违反结构要求的前提下进行调整。本图上方平面就作了向外突出的调整：两角做成 10mm 厚的圆弧玻璃墙（半径 1m），周边镶50mm 宽钛金不锈钢框，平直部分作 100mm 厚轻钢龙骨纸面石膏板墙，表面贴红色橡木板。

（3）室内家具、设备、陈设、织物、绿化的摆放位置及说明。本图中船形会议桌是家具陈设中的主体，位置居中，其他家具环绕会议桌布置，为主要功能服务。平面突出处有两盆君子兰起点缀作用；圆弧玻璃处有米灰色落地帘等。

（4）表明门窗的开启方式及尺寸。有关门窗的造型、做法，在平面布置图中不反映，交由详图表达。所以图中只见大门为内开平开门，宽为 1.5m，距墙边为 800mm；窗为铝合金推拉窗。

（5）画出各面墙的立面投影符号（或剖切符号）。如图中的Ⓐ，即为站在 A 点处向上观察⑦轴墙面的立面投影符号。

140

2.4.2 天棚平面图

1. 天棚平面图的基本内容与表示方法

（1）表明墙柱和门窗洞口位置。天棚平面图通常都采用镜像投影法绘制。用镜像投影法绘制的天棚平面图，其图形上的前后、左右位置与装饰平面布置图完全相同，纵横轴线的排列也与之相同。因此，在图示墙柱断面和门窗洞口以后，不必再重复标注轴间尺寸、洞口尺寸和洞间墙尺寸，这些尺寸可对照平面布置图阅读。定位轴线和编号也不必每轴都标，只在平面图形的四角部分标出，能确定它与平面布置图的对应位置即可。

天棚平面图通常不图示门扇及其开启方向线，只图示门窗过梁底面。为区别门洞与窗洞，窗扇用一条细虚线表示。

（2）表明天棚装饰造型的平面形式和尺寸，并通过附加文字说明其所用材料、色彩及工艺要求。天棚的选级变化应结合造型平面分区线用标高的形式来表示，由于所注是天棚各构件底面的高度，因而标高符号的尖端应向上。

（3）表明顶部灯具的种类、式样、规格、数量及布置形式和安装位置。天棚平面图上的小型灯具按比例画出它的正投影外形轮廓，力求简明概括，并附加文字说明。

（4）表明空调风口、顶部消防与音响设备等设施的布置形式与安装位置。

（5）表明墙体顶部有关装饰配件（如窗帘盒、窗帘等）的形式和位置。

（6）表明天棚剖面构造详图的剖切位置及剖面构造详图的所在位置。作为基本图的装饰剖面图，其剖切符号不在天棚图上标注。

2. 天棚平面图的识读要点

（1）首先应弄清楚天棚平面图与平面布置图各部分的对应关系，核对天棚平面图与平面布置图在基本结构和尺寸上是否相符。

（2）对于某些有选级变化的天棚，要分清它的标高尺寸和线型尺寸，并结合造型平面分区线，在平面上建立起二维空间的尺度概念。

（3）通过天棚平面图，了解顶部灯具和设备设施的规格、品种与数量。

（4）通过天棚平面图上的文字标注，了解天棚所用材料的规格、品种及其施工要求。

（5）通过天棚平面图上的索引符号，找出详图对照着阅读，弄清楚天棚的详细构造。

3. 天棚平面图的识读

现以某宾馆会议室来举例说明天棚平面图的内容。

用一个假想的水平剖切平面，沿装饰房间的门窗洞口处，作水平全剖切，移去下面部分，对剩余的上面部分所作的镜像投影，就是天棚平面图，如图 2-80 所示。

（1）反映天棚范围内的装饰造型及尺寸。如图 2-80 所示为一吊顶的天棚平面图，因房屋结构中有大梁，所以⑦、⑧轴处吊顶有下落，下落处天棚面的标高为 2.35m（通常指距本层地面的标高），而未下落处天棚面标高为 2.45m，故两天棚面的高差为 0.1m。图内横向贯通的粗实线，即为该天棚在左右方向的重合断面图。在图内的上下方向也有粗线表示的重合断面图，反映在这一方向的吊顶最低为 2.25m，最高为 2.45m，高差为 0.2m，梁的底面处装饰造型的宽度为 400mm，高为 100mm。

（2）反映天棚所用的材料规格、灯具灯饰、空调风口及消防报警等装饰内容及设备的位置等。如图 2-80 所示向下突出的梁底造型采用木龙骨架，外包枫木板饰面，表面再罩清漆。其他位置吊顶采用轻钢龙骨纸面石膏板，表面用仿瓷涂料刮平后刷白色 ICI 乳胶漆。图中还标注了各种灯饰的位置及尺寸。在图的左、中、右有三组空调送风和回风口（均为成品）。

【例】 正确识读平面布置图需要明确装饰设计平面图的形成方法以及其常见的应表达的主要内容；而要正确绘制出平面布置图需要熟知平面图中内视符号、尺寸标注、家具设备、比例图幅等内容的要求，在正确掌握了绘图步骤之后就可以绘制出平面布置图。

图 2-81 为一住宅单元平面布置图。

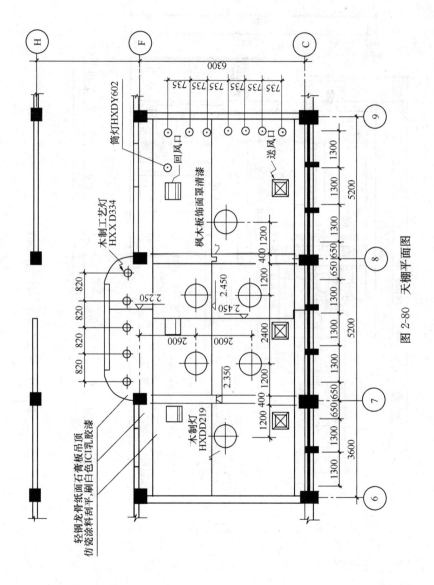

图 2-80 天棚平面图

轻钢龙骨纸面石膏板吊顶
仿瓷涂料刮平,刷白色ICI乳胶漆

木制工艺灯
HXXD334

筒灯HXDY602

回风口

枫木板饰面罩清漆

送风口

木制灯
HXDD219

143

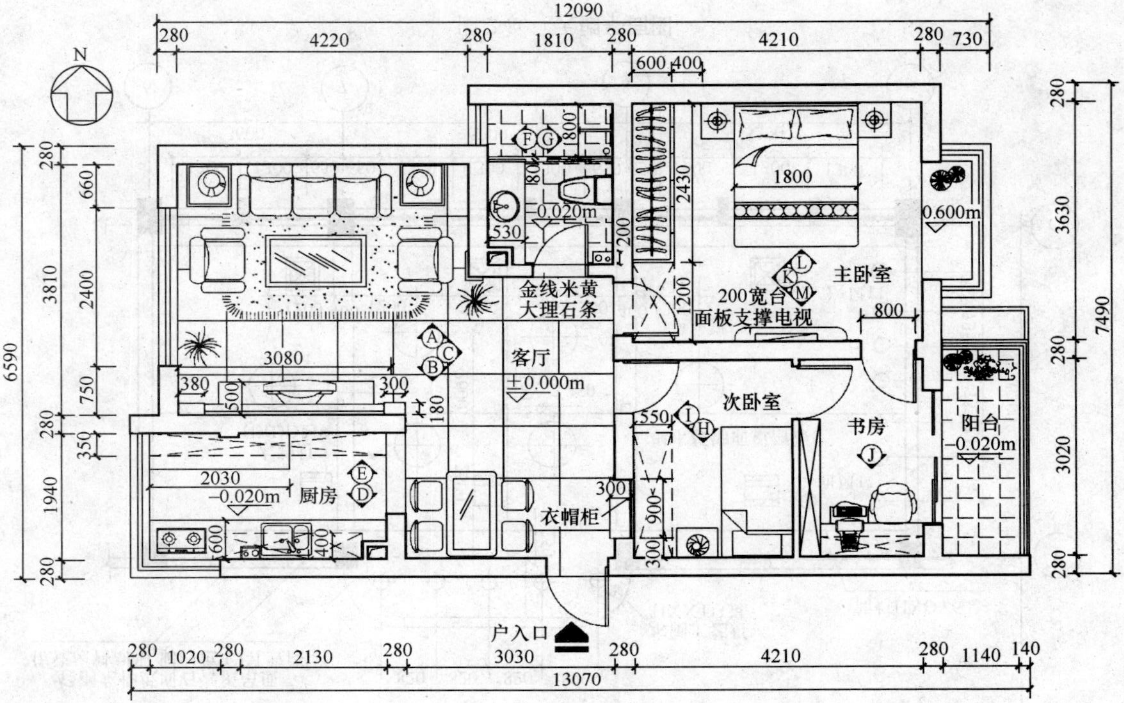

图 2-81 平面布置图（单位：mm）

主卧室

书房

次卧室

阳台

客厅

厨房

衣帽柜

户入口

200 宽台撑电视

金线米黄
大理石条

N

144

【解】

本住宅单元平面布置图识读与说明如下：图 2-81 为本住宅单元平面布置图，比例为 1：50。客厅东侧布置沙发，西侧是电视墙。户型中的卫生间通过宽为 80mm 推拉门隔断分隔出洗浴（设有洗浴喷头）空间和厕所空间。主卧室中布置有固定设施大衣柜（0.6m 宽）、双人床（1.8m 宽）、0.2m 宽台面板支撑电视。次卧室布置有一张沿墙放置的单人床和吊柜，书房中布置有电脑桌椅，空间虽然狭小但是基本满足使用。建筑主入口空间右侧布置有衣帽柜，在厨房和入口空间之间设置有餐桌。厨房、卫生间之中相应地布置有厨卫用具，并且厨房、卫生间、阳台地面均低于主体地面 20mm。建筑空间中除了厨房为推拉门之外，其他门均为平开门。整个住宅户型布置紧凑、适用。

2.5 装饰装修施工立面图识读技巧

装饰装修立面图包括室外装饰立面图和室内装饰立面图。

2.5.1 装饰装修立面图的基本内容和表示方法

（1）图名、比例和立面图两端的定位轴线及其编号。

（2）在装饰立面图上使用相对标高，即以室内地面为标高零点，并以此为基准来标明装饰立面图上有关部位的标高。

（3）表明室内外立面装饰的造型和式样，并用文字说明其饰面材料的品名、规格、色彩和工艺要求。

（4）表明室内外立面装饰造型的构造关系与尺寸。

（5）表明各种装饰面的衔接收口形式。

（6）表明室内外立面上各种装饰品的式样、位置和大小尺寸。

（7）表明门窗、花格、装饰隔断等设施的高度尺寸和安装尺寸。

（8）表明室内外景园小品或其他艺术造型体的立面形状和高低错落位置尺寸。

（9）表明室内外立面上的所用设备及其位置尺寸和规格尺寸。

（10）表明详图所示部位及详图所在位置。作为基本图的装饰剖面图，其剖切符号一般不应在立面图上标注。

（11）作为室内装饰立面图，还要表明家具和室内配套产品的安放位置和尺寸。如采用剖面图示形式的室内装饰立画图，还要表明天棚的选级变化和相关尺寸。

（12）建筑装饰立画图的线型选样和建筑立面图基本相同。唯有细部描绘应注意力求概括，不得喧宾夺主，所有为增加效果的细节描绘均应该以细淡线表示。

【例】 请识如图 2-82 所示的客厅空间的 B 立面。

【解】

识读图 2-82 客厅 B 立面，了解的内容如下：

根据平面布置图中标注的内视方向，本立面为客厅及门厅的西墙面上的立面布置图，图中表示出了电视墙、餐桌的装修面貌及效果。其中电视墙背景主要是背漆细磨砂玻璃做界面，同时个别位置有装修凸出变化。电视机下侧采用紫罗红大理石台面挑板支撑，为详细交代电视墙的构造另通过剖面 1—1、2—2 进行了说明。餐桌墙采用了高 1.3m 的白胡桃木饰面板装饰，同时在墙面上留有凹洞。立面中吊顶高为 220mm，局部装饰有暗藏灯槽与射灯，应结合顶棚平面详细对照。

2.5.2　装饰装修立面图的识读要点

（1）明确建筑装饰立面图上与该工程有关的各部分尺寸和标高。

（2）通过图中不同线型的含义，搞清楚立面上各种装饰造型的凹凸起伏变化和转折关系。

（3）弄清楚每个立面上有几种不同的装饰面，以及这些装饰面所选用的材料与施工工艺要求。

（4）立面上各装饰面之间的衔接收口较多，这些内容在立面图上表现得比较概括，多在节点详图中详细表明。要注意找出这些详图，明确它们的收口方式、工艺和所用材料。

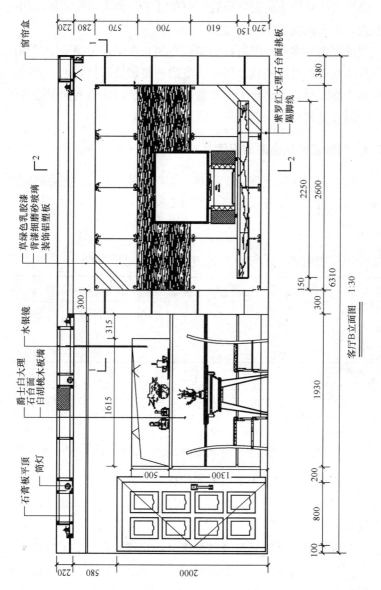

图 2-82　客厅 B 立面图（单位：mm）

客厅B立面图　1:30

窗帘盒

草绿色乳胶漆
青漆细磨砂玻璃
装饰铝塑板

水银镜

爵士白大理
石台面
白胡桃木板墙

石膏板平顶
筒灯

紫罗红大理石台面挑板
踢脚线

147

（5）明确装饰结构之间以及装饰结构与建筑结构之间的连接固定方式，以便提前准备预埋件和紧固件。

（6）要注意设施的安装位置，电源开关、插座的安装位置和安装方式，以便在施工中预留位置。

阅读室内装饰立面图时，要结合平面布置图、天棚平面图和该室内其他立面图对照阅读，明确该室内的整体做法与要求。阅读室外装饰立面图时，要结合平面布置图和该部位的装饰剖面图综合阅读，全面弄清楚它的构造关系。

2.5.3 装饰装修立面图的识读

装饰立面图所用比例为 1：100、1：50 或 1：25。室内墙面的装饰立面图通常选用较大比例，如图 2-83 所示。

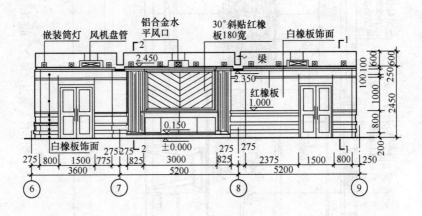

图 2-83 室内墙面装饰立面图

（1）在图中用相对于本层地面的标高，标注地台、踏步等的位置尺寸。如图中（A 向立面中间）的地台标有 0.150 标高，即表示地台高 0.15m。

（2）天棚面的距地标高及其叠级（凸出或凹进）造型的相关尺寸。如图中天棚面在大梁处有凸出（即下落），凸出为 0.1m；天棚距地最低为 2.35m，最高为 2.45m。

（3）墙面造型的样式及饰面的处理。本图墙面用轻钢龙骨做骨架，然后钉以 8mm 厚密度板，再在板面上用万能胶粘贴各种饰面板，如墙面为白橡板，踢脚为红橡板（高为 200mm）。图中上方为水平铝合金送风口。

（4）墙面与天棚面相交处的收边做法。图中用 100mm×3mm 断面的木质顶角线收边。

（5）门窗的位置、形式及墙面、天棚面上的灯具及其他设备。本图大门为镶板式装饰门，天棚上装有吸顶灯和筒灯，天棚内部（闷顶）装有风机盘管设备（数量如图 2-83 天棚平面图所示）。

（6）固定家具在墙面中的位置、立面形式和主要尺寸。

（7）墙面装饰的长度及范围，以及相应的定位轴线符号、剖切符号等。

（8）建筑结构的主要轮廓及材料图例。

2.6 装饰装修施工剖面图识读技巧

2.6.1 装饰装修剖面图的基本内容

建筑装饰剖面图的表示方法与建筑剖面图大致相同，下面主要介绍它的基本内容。

（1）表明建筑的剖面基本结构和剖切空间的基本形状，并标注出所需的建筑主体结构的有关尺寸和标高。

（2）表明装饰结构的剖面形状、构造形式、材料组成及固定与支承构件的相互关系。

（3）表明装饰结构与建筑主体结构之间的衔接尺寸与连接方式。

（4）表明剖切空间内可见实物的形状、大小与位置。

（5）表明装饰结构和装饰面上的设备安装方式或固定方法。

（6）表明某些装饰构件、配件的尺寸，工艺做法与施工要求，另有详图的可概括表明。

（7）表明节点详图和构配件详图的所示部位与详图所在位置。

（8）如果是建筑内部某一装饰空间的剖面图，还要表明剖切空间内与剖切平面平行的墙面装饰形式、装饰尺寸、饰面材料及工艺要求。

（9）表明图名、比例和被剖切墙体的定位轴线及其编号，以便与平面布置图和天棚平面图对照阅读。

2.6.2　装饰装修剖面图的识读要点

（1）阅读建筑装饰剖面图时，首先要对照平面布置图，看清楚剖切面的编号是否相同，了解该剖面的剖切位置和剖视方向。

（2）在众多图像和尺寸中，要分清哪些是建筑主体结构的图像和尺寸，哪些是装饰结构的图像和尺寸。当装饰结构与建筑结构所用材料相同时，它们的剖断面表示方法是一致的。

（3）通过对剖面图中所示内容的阅读和研究，明确装饰工程各部位的构造方法、构造尺寸、材料要求及工艺要求。

（4）建筑装饰形式变化多，程式化的做法少。作为基本图的装饰剖面图只能表明原则性的技术构成问题，具体细节还需要详图来补充表明。因此，我们在阅读建筑装饰剖面图时，还要注意按图中索引符号所示方向，找出各部位节点详图不断对照仔细阅读，弄清楚各连接点或装饰面之间的衔接方式，以及包边、盖缝、收口等细部的材料、尺寸和详细做法。

（5）阅读建筑装饰剖面图要结合平面布置图和天棚平面图进行，某些室外装饰剖面图还要结合装饰立面图来综合阅读，才能全方位地理解剖面图示内容。

2.6.3　装饰装修剖面图的识读

如图 2-84 所示墙的装饰剖面及节点详图中反映了墙板结构做

法及内外饰面的处理。墙面主体结构采用 100 型轻钢龙骨，中间填以矿棉隔声，龙骨两侧钉以 8mm 厚密度板，然后用万能胶粘贴白橡板面层，清漆罩面。

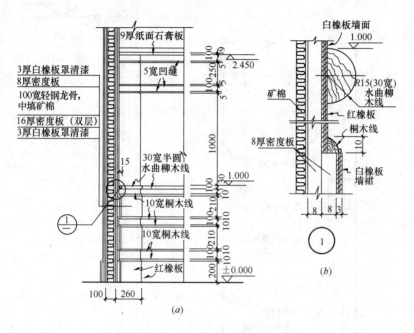

图 2-84　装饰剖面图及节点详图
(a) 1—1 制面图；(b) 节点详图

【例】　某剖面主要表现客厅电视墙装修构件层次。从图 2-85 中可以看出放置电视机的大理石台面板出挑 500mm，高于地面 420mm，厚度是 40mm，下设可放置杂物的抽屉，抽屉的饰面也采用了紫罗红大理石质地的饰面板，总高 150mm。电视机背景墙主体采用 10mm 厚背漆磨砂玻璃装饰并且以广告钉固定装饰至墙面上，凸出于背漆玻璃装饰面的是高约 700mm 且带有 9 厘板基层的装饰铝塑板，其厚度是 160mm，并且内暗藏灯带。悬挂式吊顶顶棚空间设有暗藏灯带与射灯，石膏板吊顶有 220mm 高，其他详细尺寸与装修界面详见图 2-85。

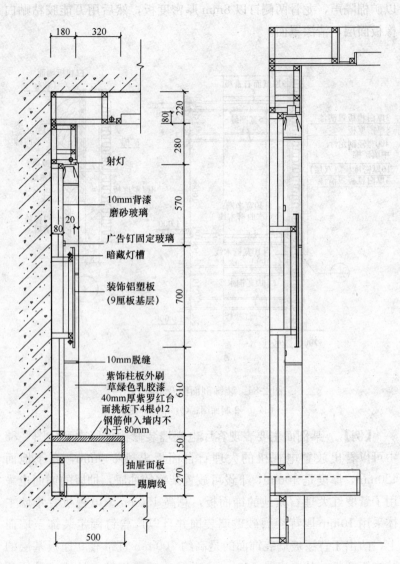

图 2-85 剖面 2—2（单位：mm）

射灯

10mm背漆
磨砂玻璃

广告钉固定玻璃

暗藏灯槽

装饰铝塑板
(9厘板基层)

10mm脱缝

紫饰柱板外刷
草绿色乳胶漆
40mm厚紫罗红台
面挑板下4根φ12
钢筋伸入墙内不
小于80mm

抽屉面板

踢脚线

2.7 装饰装修施工详图识读技巧

2.7.1 装饰装修详图的形成与表达

由于平面布置图、地面布置图、天花（顶棚）布置图与室内立面图等的比例一般较小，很多装饰造型、构造做法、材料选用、细部尺寸等无法表现或者表现不清晰，满足不了装饰施工与构件制作的需要，因此需要用大比例尺的图样来表现这样的内容，形成装饰施工详图。装饰详图通常采用 1：1 至 1：20 的比例绘制。

在装饰详图中剖切到的装饰体轮廓用粗实线表示，未剖到但是能看到的投影内容则用细实线表示。

2.7.2 装饰装修详图的分类

装饰详图按照其部位分为以下几类。

1. 墙（柱）面装饰详图

主要用于表达室内立面的构造，着重反映墙（柱）面在分层做法、选材以及色彩上的要求。

2. 顶棚详图

主要用于反映吊顶构造、做法的剖面图或者断面图。

3. 装饰造型详图

独立的或者依附于墙柱的装饰造型与构造体，如影视墙、花台、屏风、壁龛、栏杆造型等的平、立、剖面图以及线脚详图。

4. 家具详图

主要指需要现场制作、加工的固定式家具，如衣柜、书柜与储藏柜等。有时也包括可移动家具如床、书桌及展示台等。

5. 装饰门窗及门窗套详图

门窗是装饰工程中的主要施工内容之一，其形式多种多样，它的样式、选材与施工工艺做法在装饰图中有特殊的地位。其图样有门窗及门窗套立面图、剖面图与节点详图。

6. 小品及饰物详图

小品、饰物详图主要包括雕塑、水景、指示牌及织物等的制作图。

2.7.3 装饰装修详图的内容

装饰详图图示内容一般有：

（1）装饰形体的建筑做法；

（2）造型样式、材料选用及尺寸标高；

（3）所依附的建筑结构材料、连接做法，例如钢筋混凝土与木龙骨、轻钢龙骨等内部骨架的连接图示（剖面或者断面图），选用标准图时应加索引；

（4）装饰体基层板材的图示（剖面或者断面图），如石膏板、木工板、多层夹板、密度板、水泥压力板等用于找平的构造层次（通常固定于骨架上）；

（5）装饰面层、胶缝以及线角的图示（剖面或者断面图），复杂线角以及造型等还应绘制大样图；

（6）色彩及做法说明及工艺要求等；

（7）索引符号、图名及比例等。

2.7.4 装饰装修详图的识读

1. 装饰详图剖面图（断面图）的识读

某别墅断面图如图 2-86 所示，识读如下：

（1）基础为钢筋混凝土楼板或梁；

（2）龙骨是用 40mm×60mm 木龙骨，用钢钉固定；

（3）二层地面铺实木地板，厚度为 12mm，中间立面采用 18mm 厚细木板，表面刷白色涂料，下面吊顶用 9mm 纸面石膏板，表面刷白色涂料；

（4）在立面上端与下端各镶嵌木角线，其表面刷白色涂料。

2. 节点大样图的识读

以石膏顶棚节点大样为例，如图 2-87。

（1）石膏顶棚从组成上看主要是由吊杆、主龙骨与次龙骨组成，局部龙骨（竖向）为木龙骨，并且做好防火处理。

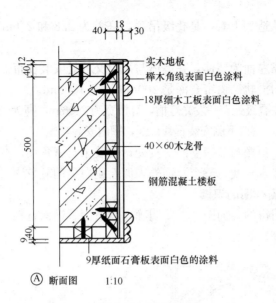

40┤├18┤├30
┤├──┤├──┤

实木地板

榉木角线表面白色涂料

18厚细木工板表面白色涂料

40×60木龙骨

钢筋混凝土楼板

9厚纸面石膏板表面白色的涂料

Ⓐ 断面图   1:10

图 2-86 断面图

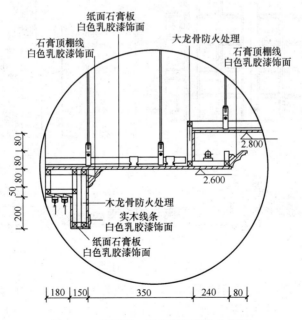

纸面石膏板
白色乳胶漆饰面

石膏顶棚线
白色乳胶漆饰面

大龙骨防火处理

石膏顶棚线
白色乳胶漆饰面

2.800

2.600

木龙骨防火处理

实木线条
白色乳胶漆饰面

纸面石膏板
白色乳胶漆饰面

┤180┤150┤────350────┤──240──┤80┤

图 2-87 某别墅一层餐厅顶棚节点详图

（2）从造型上看，是叠级吊顶，高差为 2.8 和 2.6m 之差，为 0.2m。

（3）靠左面为墙体，在墙体与吊顶交界处安装窗帘盒，窗帘盒内安装双向滑轨。窗帘盒深是 200mm，宽 180mm。

（4）在叠级处有一发光灯槽，灯槽宽为 240mm，高为 160mm，槽口为 80mm，槽口下侧安装石膏角线，槽内安装日光灯。

（5）在顶棚与窗帘盒的交接处，安装了石膏角线，在窗帘盒外侧下端安装木角线。整个装饰外表面涂刷白色的乳胶漆。

3. 门窗样图的识读

识读门窗的立面图，主要明确立面造型、饰面材料、节点详图以及尺寸等，如图 2-88。

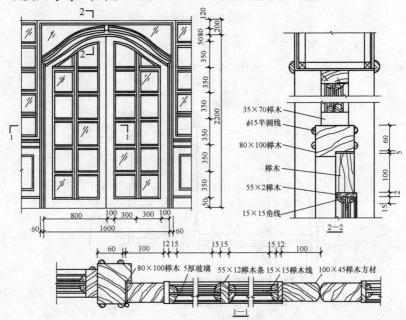

图 2-88 木制门详图

（1）该木门是双扇玻璃木门，门洞宽为 1600mm，高为 2200mm。

（2）门上边是弧型造型，门扇宽为 800mm、门边宽为 100mm，门扇内是由尺寸为 350mm×300mm 的田字格木框组成。

（3）在门扇立面图上有两处剖面图索引符号1—1和2—2，因此在本图纸的两侧有两个剖面图，分别为剖面图1—1与剖面图2—2。

（4）剖面图1—1是门扇的水平剖面图，剖面图2—2是门扇与门框的垂直剖面图。两个剖面图详细地表明了门扇门框的组成结构、材料与详细尺寸，如门边是由100mm×45mm的榉木方材制成，而门框是由80mm×100mm的榉木制成。

（5）门框内外侧分别镶嵌ϕ15mm半圆线，玻璃5mm厚，用15mm×15mm的木角线固定。

4. 楼梯详图的识读

楼梯施工图的识读主要是明确楼梯的造型尺寸以及栏杆扶手的详细构造组成。如图2-89。

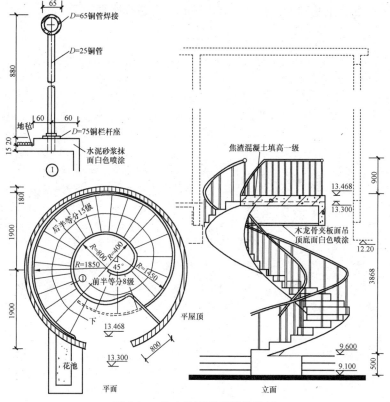

图2-89 某建筑圆形楼梯的详图

157

（1）该楼梯为圆形楼梯，占地尺寸为 3800mm×3800mm，楼梯的高度是 3.868m。

（2）楼梯由两段不同半径的圆弧组成，上半段楼梯宽度是 1850mm−800mm=1050mm，分为 15 级，每个踏步外端宽度是 2π×1900mm/2×15 级＝398mm。下半段楼梯宽度是 1450mm−400mm=1050mm，分为 8 级，每个踏步外端宽度为 2π×1450mm/2×8 级＝569mm。每个踏步高是 3868mm/（14+8）级＝176mm。

（3）在圆楼梯踏步混凝土板下面是由木龙骨与木夹板组成的吊顶，表面采用白色喷涂。

（4）该楼梯为钢筋混凝土结构，栏杆与扶手是铜制成的。楼梯扶手上沿端距地毡表面高为 900mm，扶手直径为 65mm。栏杆固定在混凝土基础上，栏杆直径 25mm，铜栏杆座直径 75mm。

3 装饰装修工程施工图识读实例

3.1 怎样看墙面工程施工图

1. 墙的类型

依据不同的划分方法，墙体有不同的类型。

（1）按照构成墙体的材料与制品分

比较常见的有砖墙、石墙、板材墙、混凝土墙、砌块墙、玻璃幕墙等。

（2）按照墙体的受力情况分

按照墙体的受力情况，可分为承重墙与非承重墙两类。凡是承担建筑上部构件传来荷载的墙称为承重墙；不承担建筑上部构件传来荷载的墙称为非承重墙。

（3）按照墙体的位置分

按照墙体的位置分为内墙与外墙，如图3-1所示。

（4）按照墙体的走向分

按照墙体的走向，可分为纵墙与横墙。纵墙是指沿建筑物长轴方向布置的墙；横墙是指沿建筑物短轴方向布置的墙。其中，沿着建筑物横向布置的首尾两端的横墙俗称为山墙；在同一道墙上门窗洞口之间的墙体称为窗间墙；门窗洞口上下的墙体称为窗上或者窗下墙，如图3-2所示。

（5）按照墙体的施工方式与构造分

按照墙体的施工方式与构造，可分为叠砌式、版筑式与装配式三种。其中，叠砌式是一种传统的砌墙方式，如实砌砖墙、空斗墙及砌块墙等；版筑式的砌墙材料往往是散状或者塑性材料，如夯土墙、滑模或者大模板钢筋混凝土墙；装配式墙是在构件生产厂家事先制作墙体构件，在施工现场进行拼装，例如大板墙、各种幕墙等。

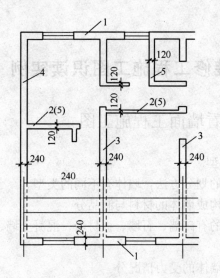

图 3-1 墙的种类

1—纵向外墙；2—纵向内墙；3—横向内墙；

4—横向外墙（即山墙）；5—不承重的隔墙

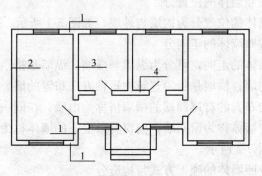

图 3-2 墙体的各部分名称

1—外墙；2—山墙；3—内横墙；4—内纵墙

2. 墙体的作用

墙体是建筑物中重要的构件，其主要作用表现在如下几方面：

（1）承重。承重墙是建筑主要的承重构件，承担建筑地上部分的全部竖向荷载以及风荷载。

（2）围护。外墙是建筑围护结构的主体，抵御自然界中风、霜、雨、雪以及噪声，保证房间内具有良好的生活环境与工作条件，即起到围护作用。

（3）分隔。墙体是建筑水平方向划分空间的构件，根据使用要求，可以将建筑内部划分成不同的空间，界限室内与室外。

大多数墙体并不是经常同时具有上述的三个作用，根据建筑的结构形式与墙体的具体情况，通常只具备其中的一两个作用。

3. 墙体细部构造

墙体的细部构造主要包括防潮层、勒脚、窗台、明沟与散水、过梁、圈梁、构造柱与变形缝等内容。

（1）防潮层

在墙身中设置防潮层可以防止土壤中的水分与潮气沿基础墙上升和防止勒脚部位的地面水影响墙身，从而提高建筑物的坚固性与耐久性，并且保持室内干燥卫生。

防潮层的位置应该在室内地面与室外地面之间，以在地面垫层中部最为理想。防潮层的构造做法见表 3-1。

防潮层的构造做法　　　　　　　　　　　　　表 3-1

序号	构造做法	图　　示	具体要求
1	防水砂浆防潮层		用防水砂浆砌筑 3～5 匹砖，还有一种是抹一层 20mm 的 1∶3 水泥砂浆加 5% 防水粉拌和而成的防水砂浆

続表

序号	构造做法	图 示	具体要求
2	卷材防潮层	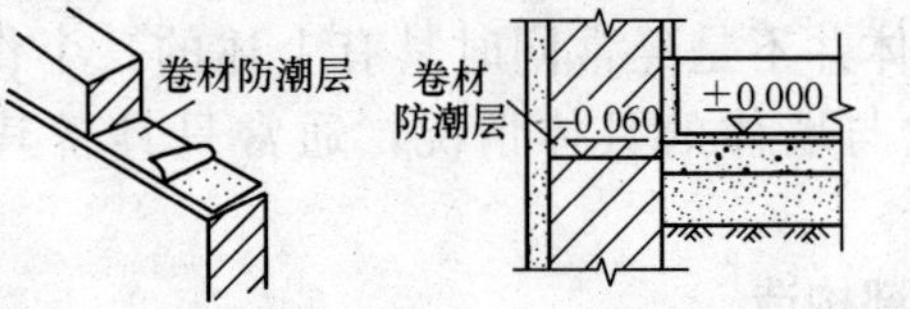	在防潮层部位先抹 20mm 厚的砂浆找平层，然后干铺卷材一层，卷材的宽度应与墙厚一致或稍大些，卷材沿长度铺设，搭接长度大于等于 100mm
3	混凝土防潮层	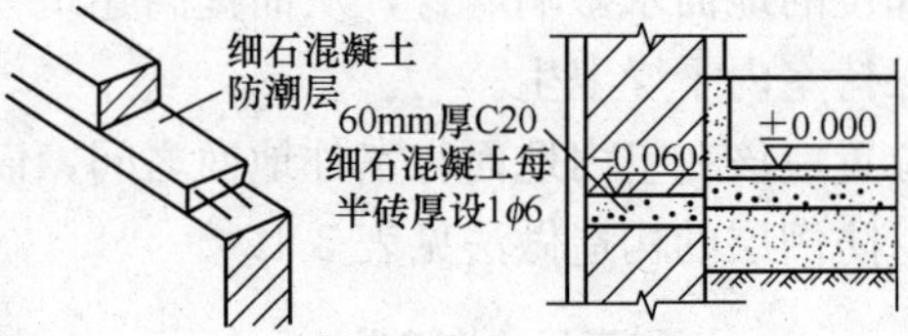	即在室内外地面之间浇注一层厚 60mm 的混凝土防潮层，内放纵筋 $3\phi6$、分布筋 $\phi4$ @ 250 的钢筋网

（2）勒脚

外墙靠近室外地坪的部分称为勒脚。勒脚具有保护外墙脚，防止机械碰伤，防止雨水侵蚀而造成墙体风化的作用。因此，要求勒脚应牢固、防潮与防水。勒脚有如下几种做法（图 3-3）。

1）抹灰。勒脚部位抹 20～30mm 厚 1：2（或者 1：2.5）水泥砂浆或者水刷石。

2）局部墙体加厚。在勒脚部位把墙体加厚 60～120mm，然后再作抹灰处理。

3）贴面。在勒脚部位镶砌面砖或者天然石材。

（3）窗台

162

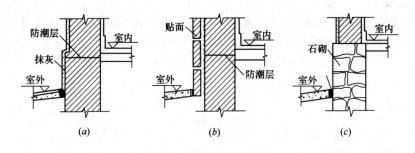

图 3-3　勒脚构造做法

(a) 抹灰；(b) 贴面；(c) 石材砌筑

窗洞下部应该分别在墙外与墙内设置窗台，称外窗台和内窗台。外窗台可以及时排除雨水，内窗台可防止该处被碰坏和便于清洗（图 3-4）。

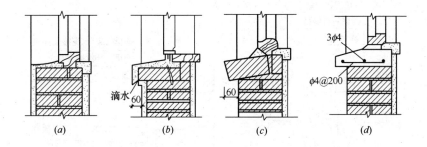

图 3-4　窗台（尺寸单位：mm）

(a) 不悬挑窗台；(b) 抹滴水的悬挑窗台；

(c) 侧砌砖窗台；(d) 预制钢筋混凝土窗台

（4）明沟与散水

1）明沟。又称为阴沟，位于建筑外墙的四周，其作用在于通过雨水管流下的屋面雨水有组织地导向地下排水集井而流入下水道。

2）散水。室外地面靠近勒脚下部所做的排水坡称之为散水，其作用是迅速排除从屋檐滴下的雨水，防止因积水渗入地基而导致建筑物下沉。

明沟与散水的材料用混凝土现浇或者用砖石等材料铺砌而成，

散水与外墙的交接处应设缝分开，并且用有弹性的防水材料嵌缝，以防建筑物外墙下沉时将散水拉裂，如图 3-5 所示。

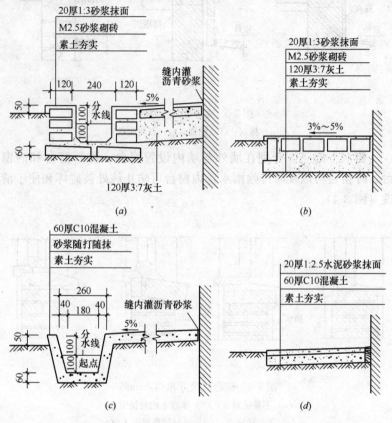

图 3-5　明沟与散水

（a）砖砌明沟；（b）砖铺散水；（c）混凝土明沟；（d）混凝土散水

（5）过梁

为了承受门窗洞口上部墙体的重量与楼盖传来的荷载，门窗洞口上必须设置过梁，过梁的形式有很多，有砖砌过梁与钢筋混凝土过梁两类。其中砖砌过梁有砖砌平拱过梁与钢筋砖过梁两种；现如今常用的是钢筋混凝土过梁，按照其施工方法分为现浇与预制的钢筋混凝土过梁。具体见表 3-2。

序号	过 梁 形 式		具 体 要 求
1	砖砌过梁	砖砌平拱过梁	砖砌平拱过梁是采用竖砌的砖作成拱券。这种券是水平的，故称平拱。砖不应低于 MU7.5，砂浆不低于 M2.5。这种平拱的最大跨度为 1.8m，如图 3-6 所示
		钢筋砖过梁	钢筋砖过梁用砖应不低于 MU7.5，砂浆不低于 M2.5。洞口上部应先支木模，上放直径不小于 5mm 的钢筋，间距小于等于 120mm，伸入两边墙内应不小于 240mm，钢筋上下应抹砂浆层。最大跨度为 2m，如图 3-7 所示
2	钢筋混凝土过梁	预制钢筋混凝土过梁	预制钢筋混凝土过梁主要用于砖混结构的门窗洞口之上或其他部位，如管沟转角处。其截面形状及尺寸如图 3-8 所示
		现浇钢筋混凝土过梁	现浇钢筋混凝土过梁的尺寸及截面形状不受限制，由结构设计来确定。它的尺寸、形状及配筋要看它的结构节点详图（图 3-9）

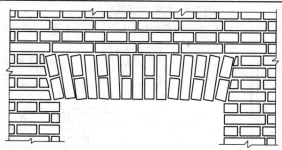

图 3-6 砖砌平拱过梁

（6）圈梁

圈梁是沿着房屋外墙、内纵墙与部分横墙在墙内设置的连续封闭的梁，一般位于楼板处的内外墙内，它的作用是增加墙体的稳定性，加强房屋的空间刚度以及整体性，防止由于基础的不均匀沉降、振动荷载等引起的墙体开裂，提高房屋抗震性能。其常为现浇的钢筋混凝土梁，如图 3-10 所示。

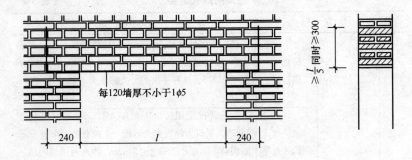

图 3-7 钢筋砖过梁（尺寸单位：mm）

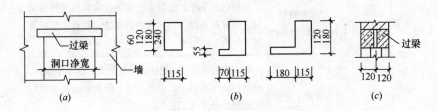

图 3-8 预制钢筋混凝土过梁
（a）过梁立面体；（b）过梁截面形状及尺寸；（c）墙内预制过梁

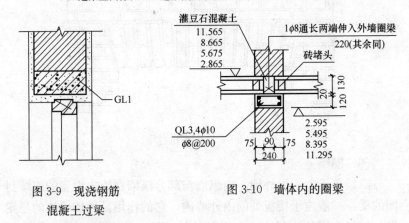

图 3-9 现浇钢筋
　　　　混凝土过梁

图 3-10 墙体内的圈梁

　　圈梁应当连续地设在同一水平面上，并且形成封闭状，如圈梁遇门窗洞口必须断开时，应在洞口上部增设相应截面的附加圈梁，并且应满足搭接补强要求。

166

（7）构造柱

构造柱不同于框架结构中的承重柱。构造柱是设于墙体内的钢筋混凝土现浇柱，构造柱设置的目的不是考虑用它来承担垂直荷载，而是从构造的角度来考虑，有了构造柱与圈梁，便可形成空间骨架，使建筑物做到裂而不倒。

构造柱与圈梁共同形成空间骨架，从而增加房屋的整体刚度，提高抗震能力，其常为现浇的钢筋混凝土。

（8）变形缝

变形缝是伸缩缝、沉降缝与防震缝的总称。

1）伸缩缝，又称为温度缝，它主要是为了防止由于温度变化引起构件的开裂所设的缝。伸缩缝缝宽通常为 20～30mm。

伸缩缝内应当填有防水、防腐性能的弹性材料，如沥青麻丝、橡胶条及塑料条等。外墙面上用镀锌铁皮盖缝，内墙面上应用木质盖缝条加以装饰。

2）墙身沉降缝与伸缩缝构造基本相同，沉降缝主要是为了防止由于地基不均匀沉降引起建筑物的破坏所设的缝。沉降缝缝宽通常在 30～120mm。但是外墙沉降缝常用金属调节片盖缝，以保证建筑物的两个独立单元能自由下沉不致破坏。

3）防震缝处墙体构造与伸缩缝大致相同，是为了防止由于地震时造成相互撞击或者断裂引起建筑物的破坏所设的缝，缝宽通常在 50～120mm，并随着建筑物增高而加大。

实例1：内墙剖面节点详图识读

阅读内墙剖面节点详图应注意以下方面：

1. 与被索引图纸对应，找出该剖面图的剖切位置与剖切方向。核对墙面相应各段的装饰形式与竖向尺寸是否相符。

2. 从上至下分段阅读。

3. 注意看木护壁内防潮处理措施及其他内容。

4. 不要漏读图中标注的各部尺寸和标高、木龙骨的规格和通气孔的大小和间距、其他材料的规格、品种等内容。

下面通过实例讲解怎样看内墙剖面节点详图，见图 3-11。

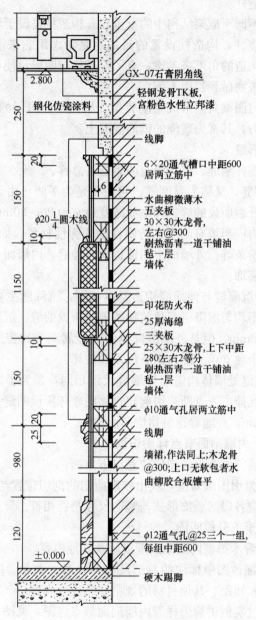

图 3-11　内墙剖面节点详图

GX-07石膏阴角线

轻钢龙骨TK板,
宫粉色水性立邦漆

钢化仿瓷涂料

线脚

6×20通气槽口中距600
居两立筋中

水曲柳微薄木
五夹板
30×30木龙骨,
左右@300
刷热沥青一道干铺油
毡一层
墙体

$\phi 20\frac{1}{4}$圆木线

印花防火布

25厚海绵

三夹板

25×30木龙骨,上下中距
280左右2等分
刷热沥青一道干铺油
毡一层
墙体

$\phi 10$通气孔居两立筋中

线脚

墙裙,作法同上;木龙骨
@300;上口无软包者水
曲柳胶合板镶平

$\phi 12$通气孔@25三个一组,
每组中距600

硬木踢脚

从上图中可以看出以下内容：

1. 最上面的为轻钢龙骨吊顶、TK 板面层、宫粉色水性立邦漆饰面。顶棚和墙面相交处用 GX－07 石膏阴角线收口；护壁板上口墙面采用钢化仿瓷涂料饰面。

2. 墙面中段是护壁板，护壁板面中部凹进 5mm，凹进部分嵌装了 25mm 厚的海绵，并且用印花防火包面。护壁板面无软包处贴水曲柳微薄木，清水涂饰工艺。薄木与防火布两种不同饰面材料之间采用 1/4 圆木线收口，护壁上下用线脚⑩压边。

3. 墙面下段为墙裙，与护壁板连在一起，通过线脚②区分开来。

4. 护壁内墙面刷热沥青一道，干铺油毡一层。所有水平向龙骨都设有通气孔，护壁上口与锡脚板上也设有通气孔或者槽，使护壁板内保持通风干燥。

实例 2：外墙身详图识读

阅读外墙身详图应注意以下方面：

1. 阅读图名、比例，了解图纸基本概况。

2. 仔细阅读图纸上的标注，确定室内外地坪的标高，窗台、窗户的高度及其他内容。

3. 如果梁的尺寸比墙体小，注意观察相应的保温措施。

4. 根据索引符号、图例读节点构造详图。

下面通过实例讲解怎样看外墙身详图，见图 3-12。

从上图中可以看出以下内容：

1. 它由 3 个节点构成。

2. 从图中能够看出基础墙为普通砖砌成，上部墙体用加气混凝土砌块砌成。

3. 在室内地面处设有基础圈梁，在窗台上也设有圈梁，一层窗台的圈梁上部突出墙面 60mm，突出部分高 100mm。

4. 室外地坪标高为－0.800m，室内地坪标高为±0.000m。窗台高 900mm，窗户高 1850mm，窗户上部的梁同楼板是一体的，到屋顶与挑檐也构成一个整体，由于梁的尺寸比墙体小，在外面又贴了 50mm 的聚苯板，因此能够起到保温的作用。

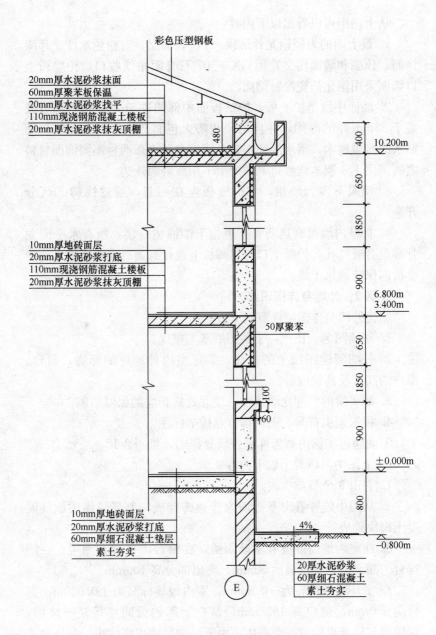

彩色压型钢板

20mm厚水泥砂浆抹面
60mm厚聚苯板保温
20mm厚水泥砂浆找平
110mm现浇钢筋混凝土楼板
20mm厚水泥砂浆抹灰顶棚

480

400
10.200m

650

1850

10mm厚地砖面层
20mm厚水泥砂浆打底
110mm现浇钢筋混凝土楼板
20mm厚水泥砂浆抹灰顶棚

900
6.800m
3.400m

50厚聚苯

650

1850

100
60

±0.000m

800

10mm厚地砖面层
20mm厚水泥砂浆打底
60mm厚细石混凝土垫层
素土夯实

4%
−0.800m

20厚水泥砂浆
60厚细石混凝土
素土夯实

E

图 3-12　外墙身详图（mm）

5. 室外散水、室内地面、楼面、屋面的做法采用分层标注的形式表示的。

实例3：墙节点详图识读

阅读墙节点详图应注意以下方面：

1. 首先在与节点详图相关的图样上找出节点详图的位置、编号以及投影方向。

2. 注意各节点做法、线角形式以及尺寸，掌握细部构造内容。

下面通过实例讲解怎样看墙节点详图，见图 3-13。

从图中可以看出以下内容：

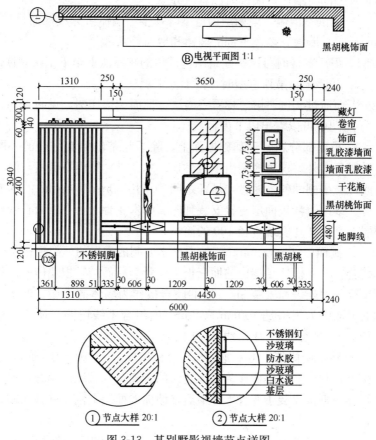

图 3-13 某别墅影视墙节点详图

1. ①号详图的位置在详图⑤电视平面图 1:1 的最左边，②号详图位置在影视墙正立面图的中央位置。

2. ①号详图反映了影视墙与墙面衔接处的节点做法，转角处以木线条拼接做了柔化处理；②号详图表示玻璃墙面的装饰做法，根据分层构造引出的说明制作——基层之上刮白水泥，随后使用不锈钢钉固定沙玻璃，沙玻璃之间的缝隙填防水胶嵌缝。

实例 4：室内墙、地面结构详图识读

阅读室内墙、地面结构详图应注意以下方面：

1. 建筑室内墙、地面结构一般不单独绘制，一般与室内的立面布置图同时绘制，阅读时注意区分。

2. 阅读室内墙、地面结构造型时，整个墙体可分成棚面吊顶、棚面托裙、墙面、墙体下部的墙裙和地面等几部分。

3. 识读图样时可以按建筑结构部位的顺序从上至下依次判读。

4. 阅读棚圈吊顶造型时，由上往下观察。

下面通过实例讲解怎样看室内墙、地面结构详图，见图 3-14。

从图中可以看出以下内容：

1. 吊顶部分悬吊于基础棚面上，除了与基础棚面结合的一圈木质线条之外，这个棚圈由木质吊顶、木龙骨、纸面石膏板与筒灯组成。悬吊棚圈的木龙骨与吊杆之间均采用 30mm×40mm 的木方结合、纸面石膏板面层直接安装到棚面的木龙骨上，在纸面石膏板面层上直接开孔安装直径 100 的筒灯。

2. 棚面由 30mm×40mm 的白松木方制成方形的框架结构与墙体结合，这个框架结构由前面三根木龙骨与后面的三根墙体木龙骨所组成，框架表面安装 9mm 厚的胶合板作为墙体的面层，框架结构的下面则为规格是 100mm×40mm 的组合木线镶贴在墙体与框架相交的部位，作为压角线来使用。

3. 整个墙体都是由木龙骨与胶合板构成，由 30mm×40mm 的白松木方制成龙骨格栅作为墙体装修的骨架与基础墙体结合，然后把胶合板直接安装于龙骨上，最后在墙体的面层上刮白并且涂刷乳胶漆。

4. 墙体下部的护墙板结构形成了一个凸起的墙脚造型，它由

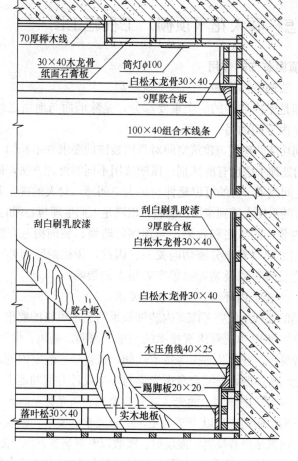

図 3-14　室内墙、地面结构详图

一个方形的构架与压角线、踢脚线组成。框架结构的上方与墙体的
交界处钉装一个规格为 40mm×25mm 的压角线，规格为 120mm×
20mm 的踢脚线则安装在墙脚造型与地板的交界处。

5. 地面的剖面相对比较简单，实木地板铺装在等距的地面木
龙骨之上，由图上的引出线得知，这些木龙骨采用 30mm×40mm
的落叶松木材制作而成。

3.2 怎样看天花（顶棚）工程施工图

1. 顶棚装饰的作用

（1）装饰室内空间

顶棚是室内装饰的一个重要部分，是除墙面与地面之外，用以围合成室内空间的另一大面。

不同功能的建筑与建筑空间对顶棚装饰的要求并不相同，因而装置构造的处理手法也有所区别。顶棚选用不同的处理方法，能够取得不同的空间效果。有的可以延伸与扩大空间感，对人的视觉起到导向作用；有的可使人感到亲切、温暖，以满足人们生理与心理的需要。

室内装饰的风格和效果，与顶棚的造型、装饰构造方法以及材料的选用之间有着十分密切的关系。因此，顶棚的装饰处理对室内景观的完整统一以及装饰效果有着很大的影响。

（2）改善室内环境，满足使用要求

顶棚的处理不仅应考虑室内装饰效果与艺术风格的要求，而且还应考虑室内使用功能对建筑技术的要求。照明、通风、保暖、隔热、吸声或者反声、音响及防火等技术性能，将直接影响室内的环境和使用。如剧场的顶棚，要综合考虑光学与声学设计方面的诸多问题。在表演区，多为集中照明、面光、耳光、追光、顶光甚至脚光等一并采用。剧场的顶棚则应当以声学为主，结合光学的要求，做成不同形式的造型，以满足声音反射、漫反射、吸收以及混响等方面的需要。

因此，顶棚装饰是技术要求相对比较复杂、难度较大的装饰工程项目，必须结合建筑内部的体量、装饰效果的要求、经济条件、设备安装情况、技术要求以及安全问题等各方面来综合考虑。

2. 顶棚的分类

依据饰面层与主体结构的相对关系不同，顶棚可以分为直接式顶棚与悬吊式顶棚两大类。

（1）直接式顶棚

直接式顶棚是指在结构层底部表面上直接作饰面处理的顶棚。这类顶棚做法简单、经济，而且基本不占空间高度，通常用于装饰性要求一般的普通住宅、办公楼以及其他民用建筑，尤其适于空间高度受限的建筑顶棚装修。

（2）悬吊式顶棚

悬吊式顶棚又称为"吊顶"，它离开结构底部表面有一定的距离，通过吊杆将悬挂物与主体结构连接在一起。这类顶棚构造复杂，一般用于装修档次要求较高或者有较多功能要求的建筑中。

悬吊式顶棚的类型较多，从不同的角度可以分为：

1）按照顶棚外观的不同分：平滑式顶棚、悬浮式顶棚及分层式顶棚等，如图3-15所示。

2）按照顶棚结构层或构造层显露状况的不同分：隐蔽式顶棚、开敞式顶棚等。

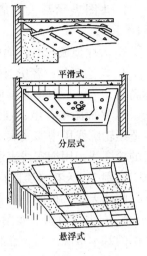

图 3-15　顶棚的形式

3）按照龙骨所用材料的不同分：木龙骨吊顶、轻钢龙骨吊顶及铝合金龙骨吊顶等。

4）按照饰面层与龙骨的关系不同分：活动装配式顶棚及固定式顶棚等。

5）按照饰面层所用材料的不同分：木质顶棚、石膏板顶棚、金属薄板顶棚、玻璃镜面顶棚等。

6）按照顶棚承受荷载能力大小的不同分：上人顶棚与不上人顶棚。

实例1：顶棚总平面图识读

阅读顶棚总平面图应注意以下方面：

1. 顶棚总平面图一般应能反映全部各楼层顶棚总体情况，包括顶棚造型。顶棚装饰灯具布置、消防设施以及其他设备布置等内容。因此要全面阅读总平面图，注意不要漏项。

2. 阅读图名、比例，了解平面图的总体概况。

3. 平面图中，天花的装饰线、面板的拼装分格等次要的轮廓线使用细实线表示，阅读时注意区分。

下面通过实例讲解怎样看顶棚总平面图，见图3-16。

从图中可以看出以下内容：

1. 本图表示某大酒店改造装修工程首层顶棚平面图，比例是1：100。

2. 大厅顶棚设有红胡桃擦色饰面藻井，标高是2.65m。

3. 其他部分：客房为轻钢龙骨石膏板顶棚刷白色乳胶漆饰面，标高是2.75m；卫生间顶棚为200宽铝扣板，标高是2.3m。

4. 平面图中，墙、柱用粗实线表示，天花的藻井及灯饰等主要造型轮廓线用中实线表示。天花的装饰线、面板的拼装分格等次要的轮廓线则用细实线表示。

实例2：天花（顶棚）布置图识读

阅读天花（顶棚）布置图应注意以下方面：

1. 在识读顶棚平面图之前，应首先了解顶棚所在房间平面布置图的基本情况。因为在装饰设计中，平面布置图的功能分区、交通流线以及尺度等与顶棚的形式、底面标高、选材等有着十分密切的关系。只有了解平面如何布置，才能读懂天花（顶棚）布置图。

2. 明确顶棚造型、灯具布置及其底面标高。顶棚造型是顶棚设计中的非常重要的内容。为了便于施工和识读的直观，习惯上把顶棚底面标高（其他装饰体标高也如此）均按所在楼层地面的完成面为起点进行标注。

3. 明确顶棚尺寸及做法。

4. 注意图中各窗口有无窗帘以及窗帘盒做法，明确其尺寸。

5. 识读图中有无与顶棚相接的吊柜、壁柜等家具。

6. 识读顶棚平面图中有无顶角线做法。顶角线是顶棚与墙面相交处的收口做法，有此做法时图中都会标出。

7. 注意室外阳台、雨篷等处的吊顶做法与标高。室内吊顶有时会随功能流线延伸到室外，如阳台、雨篷等，一般还需画出它们的顶棚图。

下面通过实例讲解怎样看天花（顶棚）布置图，见图3-17。

从图中可以看出以下内容：

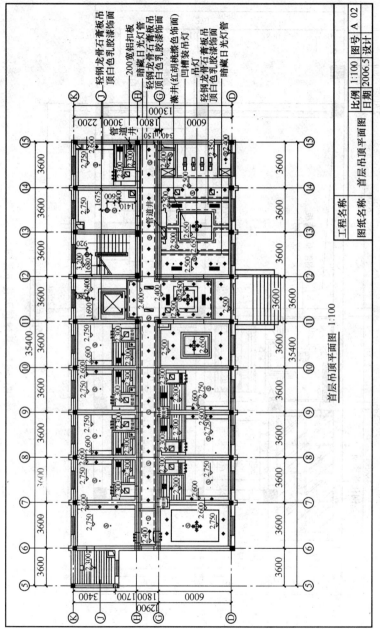

首层吊顶平面图 1:100

图 3-16 顶棚（天花）总平面图

工程名称		比例	1:100	图号	A 02
图纸名称	首层吊顶平面图	日期	2006.5	设计	

轻钢龙骨石膏板吊顶白色乳胶漆装饰面

200宽铝扣板

暗藏日光灯管

轻钢龙骨石膏板吊顶白色乳胶漆装饰面

藻井(红胡桃擦色面)

凹槽装吊灯

吊灯

轻钢龙骨石膏板吊顶白色乳胶漆装饰面

暗藏日光灯管

177

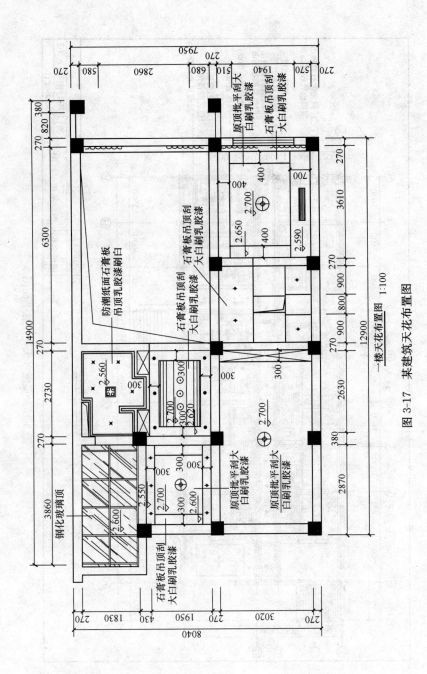

图 3-17　某建筑天花布置图

178

1. 进厅天花：原建筑天棚高度是 2.70m，四周局部二次叠级吊顶，叠级吊顶高度分别是 2.60m 与 2.55m。

2. 玄关天花：原建筑天棚高度是 2.70m，四周局部吊顶，局部吊顶高度是 2.62m。

3. 大厅天花：大厅上方是空调，说明大厅在本层无天花，有可能是二层的天花。

4. 多功能室：原建筑天花高度是 2.70m，四周局部二次叠级吊顶高度分别为 2.65m 与 2.59m，在叠级吊顶的一侧安装了空调口，使用材料是石膏板上刮大白再刷乳胶漆。

5. 卫生间天花：吊平顶，高度是 2.56m，材料使用 600mm×600mm 金属扣板。

6. 绿化房天花：钢化玻璃顶，高度为 2.60m。

7. 车库天花：原建筑天花上刮大白刷乳胶漆。

实例 3：顶棚造型布置图识读

阅读顶棚造型布置图应注意以下方面：

1. 在识读顶棚造型布置图之前，应了解顶棚所在房间平面布置的基本情况，这样能够相对比较容易读懂顶棚造型布置图。

2. 注意图纸中的图名、比例及标注。

3. 识读顶棚造型布置，确定图中造型轮廓线、灯饰及其材料的做法。

4. 确定尺寸标高及其他细节内容。

下面通过实例讲解怎样看顶棚造型布置图，见图 3-18。

从图中可以看出以下内容：

1. 本餐厅包房天花造型布置图比例是 1：50，图中表示造型轮廓线、灯饰及其材料做法。

2. 顶棚是轻钢龙骨石膏板顶棚白色乳胶漆饰面，标高分别是 2.80m、2.85m、3.15m。

3. 窗帘盒内刷白色手扫漆。

实例 4：顶棚剖面图识读

阅读顶棚剖面图应注意以下方面：

1. 阅读顶棚剖面图时，首先应对照平面布置图，弄清剖切面

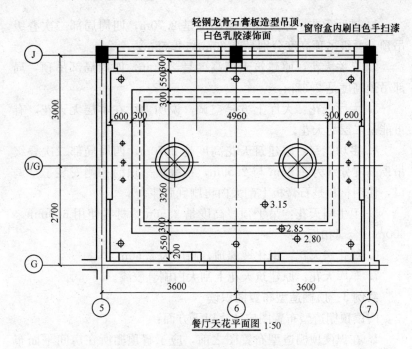

轻钢龙骨石膏板造型吊顶,
白色乳胶漆饰面
窗帘盒内刷白色手扫漆

餐厅天花平面图 1:50

图 3-18   天棚（天花）造型布置图

的编号是否相同，了解该剖面的剖切位置与剖视方向。

2. 对于墙身剖面图，可以从墙角开始自上而下对各装饰结构由里及表地识读，分析其各层所用材料及其规格、面层的收口工艺和要求、各装饰结构之间及装饰结构与建筑结构之间的连接与固定方式，并根据尺寸进一步确定各细部的大小。

3. 对于吊顶剖面图，可以从吊点、吊筋开始，依主龙骨、次龙骨、基层板与饰面的顺序进行识读，分析各层次的材料和规格及其连接方法，特别要注意各凹凸层面的边缘、灯槽、吊顶与墙体的连接与收口工艺以及各细部尺寸。

4. 通过对剖面图中所示内容的阅读研究，明确装饰工程各部位的构造方法、构造尺寸、材料要求和工艺要求。

5. 在阅读顶棚剖面图时，还应注意按图中索引符号所示方向，找出各部位节点详图来阅读，不断对照。弄清各连接点或者装饰面之间的衔接方式，以及包边、盖缝、收口等细部的材料、尺寸以及详细做法。

6. 阅读顶棚剖面图应结合平面布置图与顶棚平面图进行,某些装饰剖面图还应结合装饰立面图来综合阅读,才能全方位理解剖面图示内容。

下面通过实例讲解怎样看顶棚剖面图,见图 3-19、图 3-20。

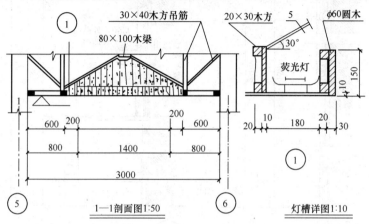

图 3-19　顶棚剖面图

从图中可以看出以下内容:

1. 根据图 3-19 所示图形特点,可以断定其为顶棚剖面图。

2. 图 3-20 所示 B—B 剖面,是 B 立面墙的墙身剖面图,从上而下识读得知:内墙与吊顶交角用 50mm×100mm 木方压角;主墙表面用仿石纹夹板,内衬 20mm×30mm 木方龙骨;夹板与 50mm×100mm 木方间用 R20 木线收口;假窗窗框采用大半圆木做成,窗洞内藏荧光灯,表面是灯箱片外贴高分子装饰画;假窗下是壁炉,壁炉台面是天然石材,炉口是浆砌块石。

3. 图 3-19 所示吊顶,由于比例很小,并且是不上人的普通木结构吊顶,因此未作详细描述,只是对灯槽局部以大比例的详图表示。

4. 对于某些仍然未表达清楚的细部,可以由索引符号找到其对应的局部放大图(即详图),如图 3-19 的灯槽即是。

实例 5:顶棚详图识读

阅读顶棚详图应注意以下方面:

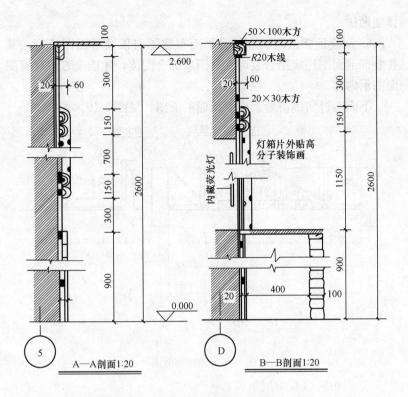

图 3-20　顶棚剖面图

1. 看顶棚详图符号，结合顶棚平面图、顶棚立面图、顶棚剖面图，了解详图来自何部位。

2. 对于复杂的顶棚详图，可以将其分为几块，分别进行识读。

3. 找出各块的主体，以便进行重点识读。

4. 注意观察主体和饰面之间采用何种形式连接。

下面通过实例讲解怎样看顶棚详图，见图 3-21。

从图中可以看出以下内容：

1. 图 3-21 是一餐厅吊顶详图。该图反映的是轻钢龙骨纸面石膏板吊顶做法的断面图。

2. 吊杆是 φ8mm 钢筋，其下端有螺纹，用螺母固定大龙骨垂直吊挂件，垂直吊挂件钩住高度 50mm 的大龙骨，再用中龙骨垂直吊挂件钩住中龙骨（高度为 19mm），在中龙骨底面固定 9.5mm

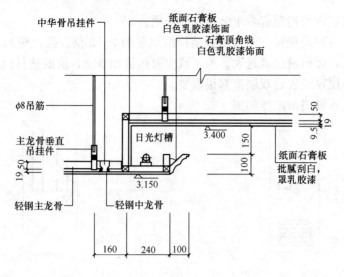

图 3-21 某餐厅吊顶详图

厚纸面石膏板，然后在板面批腻刮白、罩白色的乳胶漆。

3. 图中有日光灯槽的做法，灯的右侧是石膏顶角线白色乳胶漆饰面，用母螺钉固定于三角形木龙骨上，三角形木龙骨又固定于左侧的木龙骨架上，日光灯左侧有灯槽板做法，灯槽板为木龙骨架、纸面石膏板。

3.3 怎样看门窗工程施工图

1. 门窗的作用

门与窗是建筑物的重要组成部分，也是主要围护构件之一，对保护建筑物能够正常、安全以及舒适地使用具有很大的影响。

门的主要功能是人们进出房间以及室内外的通行口，同时也兼有采光及通风的作用；门的形式对建筑立面装饰也有一定的作用。

窗的主要作用是采光、通风以及观看风景等。自然采光是节能的最好措施，一般民用建筑主要依靠窗进行自然采光，依靠开窗进行通风，另外窗对建筑立面装饰也起着一定的作用。

门与窗位于外墙上时，作为建筑物外墙的组成部分，对于建筑立面装饰与造型起着十分重要的作用。

　　窗的散热量大约为围护结构散热量的 2～3 倍。因此窗口面积越大，散热量也就越大。为了减少散热量和节能，窗的选材以及采用单层窗或者是双层窗都很重要。

　　各种门窗图样如图 3-22 所示。

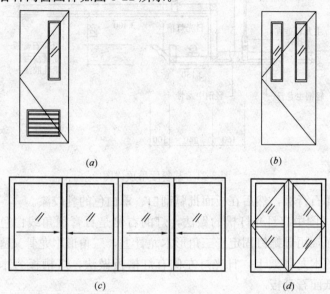

图 3-22　各种门窗图样
(a) 平开百叶门；(b) 平开门；(c) 推拉窗；(d) 平开窗

2. 门

（1）门的分类

1）按照门在建筑物中所处的位置分为内门与外门。内门位于内墙上，应当满足分隔要求；外门位于外墙上，应当满足围护要求。

2）按照门的使用功能分为一般门与特殊门。特殊门具有特殊的功能，构造复杂，这种门的种类较多，如用于通风、遮阳的百叶门，用于保温、隔热的保温门，用于隔音的隔声门以及防火门、防爆门等多种特殊要求的门。

184

3）按照门的框料材质分为木门、铝合金门、彩板门、塑钢门、玻璃钢门、钢门等。木门自重轻、开启方便、隔声效果好、外观精美，目前在民用建筑中大量采用。

① 木门：木门使用相对较普遍，但是由于重量较大，有时容易下沉。门扇的做法很多，如拼板门、镶板门、胶合板门以及半截玻璃门等。

② 钢门：采用钢框与钢扇的门，使用较少。有时只用于大型公共建筑、工业厂房大门或者纪念性建筑中。但是钢框木门目前已经广泛应用于工业厂房与民用住宅等建筑中。

③ 钢筋混凝土门：这种门大多用于人防地下室的密闭门。缺点是自重大，而且必须妥善解决连接问题。

④ 铝合金门：这种门主要用于商业建筑以及大型公共建筑的主要出入口等。表面呈银白色或者深青钢色，它给人以轻松、舒适的感觉。

4）按照门的开启方式分为平开门、弹簧门、推拉门、折叠门、转门、卷帘门与翻板门等。

① 平开门：平开门可向内开启也可向外开启，作为安全疏散门时应朝外开启。在寒冷地区，为了满足保温要求，可做成内、外开启的双层门。需要安装纱门的建筑，纱门与玻璃门为内、外开。

② 弹簧门：又称自由门。分为单面弹簧门与双面弹簧门两种。弹簧门主要用于人流出入较为频繁的地方，但是托儿所、幼儿园等类型建筑中儿童经常出入的门，不可以采用弹簧门，以免碰伤小孩。由于弹簧门有较大的缝隙，因此不利于保温。

③ 推拉门：这种门悬挂于门洞口上部的支承铁件上，然后左右推拉。其特点是不占室内空间，但是因封闭不严，因此在民用建筑中较少采用，而电梯门则大多使用推拉门。

④ 转门：转门成十字形，安装在圆形的门框上，人进出时推门缓缓行进。转门的隔绝能力很强，保温、卫生条件好，一般用于大型公共建筑物的主要出入口。

⑤ 卷帘门：多用于商店橱窗或者商店出入口外侧的封闭门，还有带有车库的民用住宅等。

⑥ 折门：又称为折叠门。当门打开时，几个门扇靠拢，可少占有效面积。

门的外观形式如图 3-23 所示，其开启方向规定如图 3-24 所示。

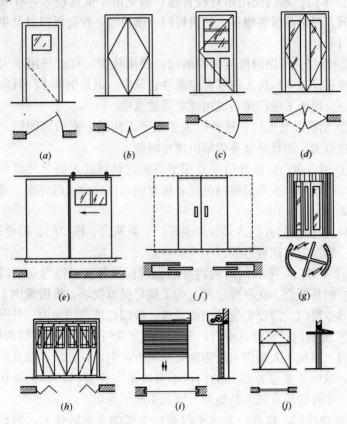

图 3-23　门的外观形式

(a) 单扇内平开门；(b) 双扇外平开门；(c) 单扇弹簧门；
(d) 双扇弹簧门；(e) 单扇左右推拉门；(f) 双扇左右推
拉门；(g) 旋转门；(h) 折叠门；(i) 卷帘门；(j) 翻板门

(2) 门洞口大小确定

一般规定：公共建筑安全入口的数目应不少于两个；但房间面

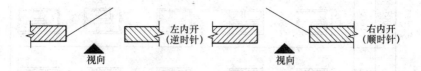

左内开
(逆时针)

右内开
(顺时针)

视向   视向

图 3-24　门开启方向的规定

积在 60m² 以下，人数不超过 50 人时，可以只设一个出入口。

对于低层建筑，每层面积不大，人数也较少的，可设一个通向户外的出口。门的宽度也应符合防火规范的要求。

对于人员密集的公共场所，例如剧院、电影院、礼堂、体育馆等，疏散门的宽度，一般可以按每百人 0.65～1.0m（宽度）选取；当人员较多时，出入口分散布置。

对于学校、商店、办公楼等民用建筑的门窗，可按照表 3-3 的要求设置。表中所列数值均为最低要求，在实际确定门的数量与宽度时，还应考虑到通风、采光、交通及搬运家具、设备要求等。门的最小宽度值是：住宅户门为 1000mm；住宅居室门为 900～1000mm；住宅厨房、厕所门为 700mm；住宅阳台门为 800mm；住宅单元门为 1200mm；公共建筑外门为 1200mm。

楼梯和门的宽度指标　　　　　　　　　　　表 3-3

耐火等级 百人指标（m） 层数	一、二级	三级	四级
1、2 层	0.65	0.75	1.00
3 层	0.75	1.00	—
≥4 层	1.00	1.25	—

注：1. 计算疏散楼梯的总宽度时应按本表分层计算，当每层人数不等时，其总宽度可分层计算，下层楼梯的总宽度按其上层人数最多一层的人数计算；

　　2. 底层外门的总宽度应按该层或该层以上人数最多的一层人数计算，供楼上人员疏散的外门，可按本层人数计算。

表 3-4 为门的部分系列尺寸示意。

表 3-4

门的部分系列尺寸示意

洞口宽 门窗	700 670	800 770	900 870	1000 970	1200 1170	1500 1470	1800 1770
2100 2090							
2400 2390							
2500 2490							
2700 2690							
3000 2990							

（3）门的选用

1）一般在公共建筑经常出入的向西或者向北的门，都应设置双道门或者门斗，以避免冷风直接袭人。外面一道门采用外开门，里面的一道门宜采用双面弹簧门或者电动推拉门，如图 3-25 所示。

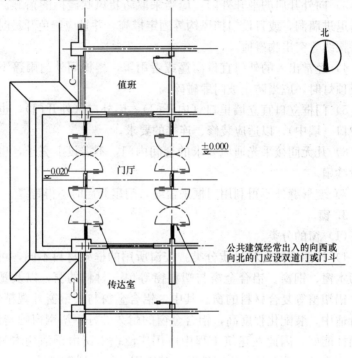

图 3-25　设置双道门图

2）湿度大的门不宜选用纤维板门或者胶合板门、木制门。

3）大型营业性餐厅至备餐间的门，宜做成双扇上下行的单面弹簧门，带小玻璃。

4）体育馆内运动员经常出入的门，门扇净高不得低于 2200mm。

5）托幼建筑的儿童用门，不得选用弹簧门，以免挤手碰伤。

6）所有的门若无隔间要求，不得设门槛。

（4）门的布置

1）两个相邻并经常开启的门，应避免开启时相互碰撞。

2）门开向不宜朝西或朝北，以减少冷风对室内环境的影响。住宅内门的位置和开启方向，应结合家具的布置来考虑。

3）向外开启的平开外门，应当采取防止风吹碰撞的措施。如将门退进墙洞，或者设门挡风钩等固定措施，并且应避免开足时与墙垛腰线等突出物碰撞。

4）经常出入的外门宜设雨篷或者雨罩，楼梯间外门雨篷下如设吸顶灯时，应当防止被门扇碰碎。

5）门框立口宜立墙里口（内开门）、墙外口（外开门），也可立中口（墙中），以适应装修、连接的要求。

6）凡无间接采光通风要求的套间内门，不需设上亮子，也不需设纱扇。

7）变形缝处不得利用门框来盖缝，门扇开启时不得跨缝。

3. 窗

（1）窗的分类

1）按照窗的框料材质分类。按窗所用的框架材料不同，可以分为木窗、钢窗、铝合金窗与塑料窗等单一材料的窗，以及塑钢窗、铝塑窗等复合材料的窗。其中，铝合金窗与塑钢窗外观精美、造价适中、装配化程度高，铝合金窗的耐久性好，塑钢窗的密封、保温性能好，因此在建筑工程中应用广泛；木窗由于消耗木材量大，耐火性、耐久性与密闭性差，其应用已经受到限制。

① 木窗：木窗是由含水率在18%左右的不易变形的木料制成，常用的有松木或者与松木近似的木料。木窗的特点是加工方便，因此过去使用比较普遍。缺点是耐久性差，较易变形。

② 钢窗：钢窗是用热轧特殊断面的型钢制成的窗。断面包括实腹与空腹两种。钢窗耐久、坚固、防火、挡光少，对采光有利，可节省木材。其缺点是关闭不严，空隙较大，现在已经基本不用，特别是空腹钢窗将会逐步取消。

③ 钢筋混凝土窗：钢筋混凝土的窗框部分采用钢筋混凝土做成，窗扇部分采用木材或者钢材制作。钢筋混凝土窗制作较为麻烦，所以现在基本上已不使用。

④ 塑料窗：这种窗的窗框与窗扇部分均采用硬质塑料构成，其断面是空腹形，一般采用挤压成型。由于易老化与变形等问题已基本解决，所以目前已广泛使用。

⑤ 铝合金窗：这是一种新型窗，主要用于商店橱窗等。铝合金是采用铝镁硅系列合金钢材，表面呈银白色或者深青铜色，其断面也是空腹形，造价适中。

2）按照窗的层数分类。按窗的层数可以分为单层窗和双层窗两种，其中，单层窗构造简单，造价低，通常用于一般建筑中；而双层窗的保温、隔声、防尘效果好，一般用于对窗有较高功能要求的建筑中。双层窗扇与双层中空玻璃窗的保温、隔声性能优良，是节能型窗的理想类型。

3）按照窗的开启方式分类。按窗的开启方式的不同，可以分为固定窗、平开窗、旋转窗、推拉窗及百叶窗等。

① 固定窗：这是一种只供采光、不能通风的窗。固定窗的开启形式如图 3-26 所示。

② 平开窗：这是使用最为广泛的一种，分为内开窗与外开窗，其示意图及施工图如图 3-27 所示。

③ 旋转窗：这种窗的特点是窗扇沿着一个旋转轴旋转，实现开启。由于旋转轴的安装位置不同，可分为上悬窗、中悬窗、下悬窗；也可沿垂直轴

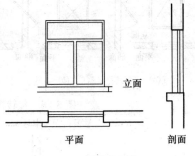

图 3-26　固定窗开启形式

旋转而成垂直旋转窗。旋转窗的开启形式如图 3-28 所示。

④ 推拉窗：这种窗的特点是窗扇开启不占室内空间，一般可分为水平推拉窗与垂直推拉窗。推拉窗的开启形式如图 3-29 所示。

⑤ 百叶窗：这是一种以通风为主要目的的窗，主要由斜木片或者金属片组成。多用于有特殊要求的部位，如卫生间等。百叶窗的开启形式如图 3-30 所示。

4）按照窗的用途分类。按照用途的不同来分，还有屋顶窗、

天窗、老虎窗、双层窗、百叶窗和眺望窗等，如图 3-31 所示。

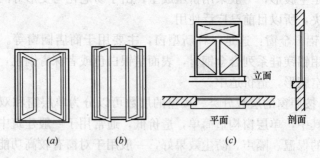

图 3-27　平开窗开启形式
(a) 外平开示意图；(b) 内平开示意图；(c) 施工图

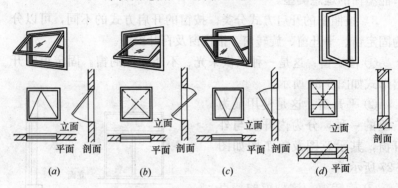

图 3-28　旋转窗的开启形式
(a) 上悬窗；(b) 中悬窗；(c) 下悬窗；(d) 立转窗

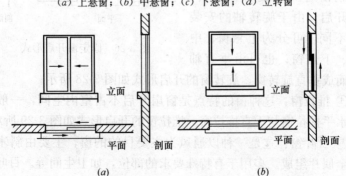

图 3-29　推拉窗的开启形式
(a) 水平推拉窗；(b) 垂直推拉窗

5）按照窗造型分类。常见的有弓形凸窗、梯形凸窗和转角窗等，如图 3-32 所示。

图 3-30　百叶窗开启形式

（2）窗洞口大小确定

窗洞口大小的确定方法主要有两种，一种是根据窗地比（表 3-5）计算，另一种是根据玻地比（表 3-6）计算。

窗的尺度应当根据采光、通风与日照的需要来确定，同时兼顾建筑造型与《建筑模数协调统一标准》（GBJ 2—1986）等的要求。

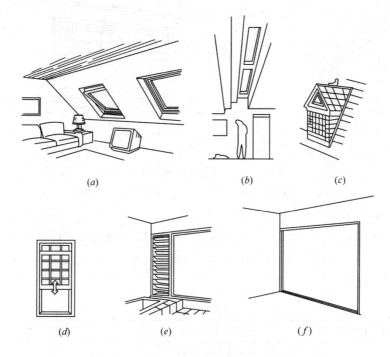

图 3-31　窗按用途分类

（a）屋顶窗；（b）天窗；（c）老虎窗；

（d）双层窗；（e）百叶窗；（f）眺望窗

为了确保窗的坚固、耐久，应限制窗扇的尺寸（表 3-7），一般平开木窗的窗扇高度为 800～1200mm，宽度不大于 500mm；上

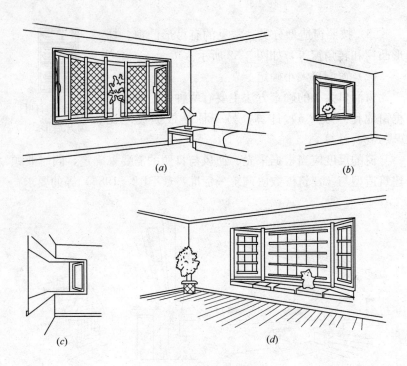

图 3-32　窗按造型分类

(a) 弓形凸窗；(b) 梯形凸窗；(c) 转角窗；(d) 屏壁窗

下悬窗的窗扇高度是 300～600mm；中悬窗窗扇高度不大于 1200mm，宽度不大于 1000mm；推拉窗的高宽均不宜大于 1500mm。目前，各地均有窗的通用设计图集，可以根据具体情况直接选用。

窗地比最低值　　　　　　　　　　　　　　　　　　　表 3-5

建筑类别	房间或部位名称	窗地比
宿舍	居室、管理室、公共活动室、公用厨房	1/7
住宅	卧室、起居室、厨房 厕所、卫生间、过厅 楼梯间、走廊	1/7 1/10 1/14
托幼	音体活动室、活动室、乳儿室 寝室、喂奶室、医务室、保健室、隔离室 其他房间	1/7 1/6 1/8

194

建筑类别	房间或部位名称	窗地比
文化馆	展览、书法、美术	1/4
	游艺、文艺、音乐、舞蹈、戏曲、排练、教室	1/5
图书馆	阅览室、装裱间	1/4
	陈列室、报告厅、会议室、开架书库、视听室	1/6
	闭架书库、走廊、门厅、楼梯、厕所	1/10
办公	办公、研究、接待、打字、陈列、复印 设计绘图、阅览室	1/6

玻地比最低值 表 3-6

序号	房间或部位名称	玻地比
1	教室、美术、书法、语言、音乐、史地、合班教室及阅览室	1:6
2	实验室、自然教室、计算机教室、琴房	1:6
3	办公室、保健室	1:6
4	饮水处、厕所、淋浴室、走道、楼梯间	1:10

（3）窗的选用

1）当窗面向外廊的居室、厨、厕时应向内开，若是高窗，或者窗高在人的高度以上时可以外开，并且应考虑防护安全及密闭性要求。

2）无论低层多层、还是高层的所有民用建筑，除高级空调房间之外（确保昼夜运转），均应设纱扇，并且应注意避免走道、楼梯间、次要房间因漏装纱扇而常进蚊蝇。

3）有高温、高湿及防火要求时，不宜采用木窗。

4）用于锅炉房、烧火间、车库等处的外窗，可不装纱扇。

（4）窗的位置布置

1）楼梯间外窗应当考虑各层圈梁走向，避免冲突。作内开扇时，开启后不得在人的高度以内突出墙面。

2）窗台高度由工作面需要而定，一般不宜低于工作面（900mm）。如窗台过高或上部开启时，应考虑开启方便，必要时加设开闭设施。当高度低于 800mm 时，需有防护措施。窗前有阳台或大平台时可以除外。

窗的标准尺寸（mm）

表 3-7

洞口宽	宽						
600	570						
900	870						
1200	1170						
1500	1470						
1800	1770						

600 570 · 900 870 · 1200 1170 · 1500 1470 · 1800 1770 · 2100 2070 · 2400 2370

570 570 · 870 870 · 1170 · L/3 L/3 L/3 · L/3 L/3 L/3 · L/3 L/3 L/3 · 600 870 600 · 535 1000 535 · L/4 L/2 L/4 · 585 1200 585 · 1185 1185 1185

570 · 870 · 870 · 1470 · 1170 600 1170 · 600 600 1470

196

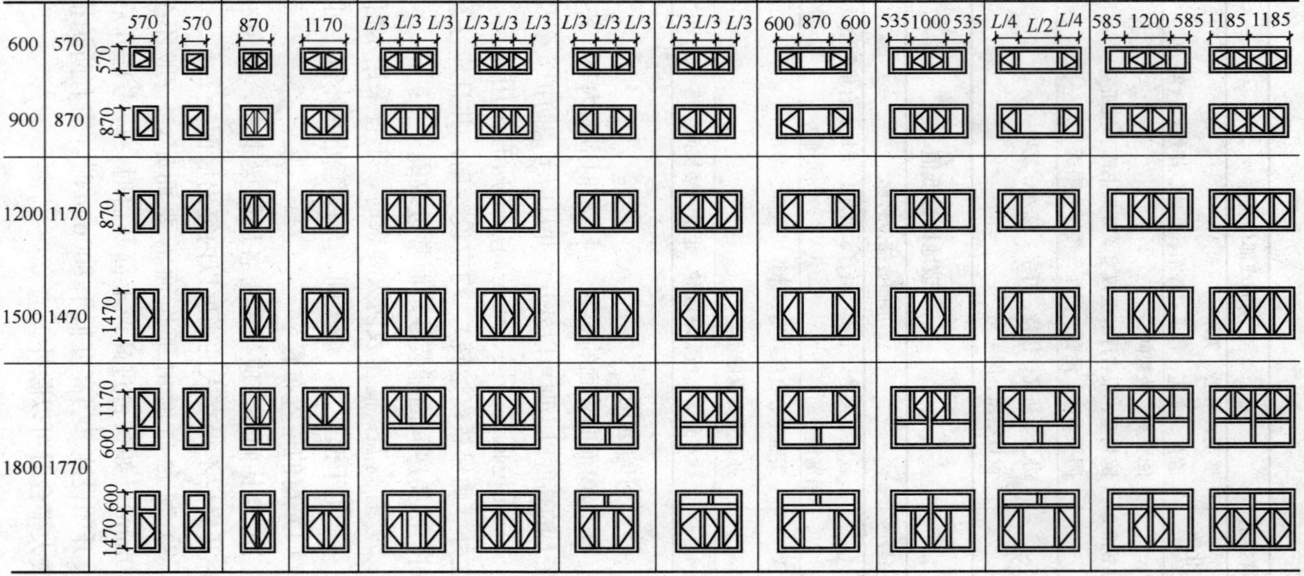

3) 需做暖气片时，窗台板下净高、净宽需满足暖气片及阀门操作空间的需要。

4) 错层住宅屋顶不上人处，尽量不设窗，如因采光或者检修需设窗时，应当有可锁启的铁栅栏，以免儿童上屋顶发生事故，并可以减少屋面损坏及相互串通。

实例 1：门头、门面正立面图识读

阅读门头、门面正立面图应注意以下方面：

1. 与装饰装修平面图相配合对照，明确立面图所表示的投影面平面位置及其造型轮廓形状、尺寸与功能特点。

2. 明确了解每个立面上的装修构造层次及饰面类型，明确其材料要求与施工工艺要求。

3. 立面上各装修造型与饰面的衔接处理方式较为复杂时，需同时查阅配套的构造节点图、细部大样图等，明确饰面分格、饰面拼接图案、饰面的收边封口和组装做法和尺寸。

4. 熟悉装修构造与主体结构的连接固定要求，明确各种预埋件、后置埋件、紧固件和连接件的种类、布置间距、数量与处理方法等详细的设计规定。

5. 配合设计说明，了解相关装饰装修设置或者固定式装饰设施在墙体上的安装构造，有需要预留的洞口、线槽或者要求事先预埋的线管，明确其位置尺寸关系且纳入施工计划。

下面通过实例讲解怎样看门头、门面正立面，见图 3-33。

从图中可以看出以下内容：

1. 该图是①～⑥轴门头、门面正立面图，比例是 1：45。

2. 门头上部造型与门面招牌的立面均是铝塑板饰面，且用不锈钢片包边。门头上部造型的两个 1/4 圆用不锈钢片饰面，半径分别是 0.50m 与 0.25m。

3. ④～⑥轴台阶上两个花岗石贴面圆柱，索引符号表明其剖面构造详图在饰施详图上。

4. 门面装有卷闸门，墙柱用花岗石板贴面，两侧花池贴釉面砖。

5. 图中还表明门头、门面的各部尺寸、标高，以及各种材料

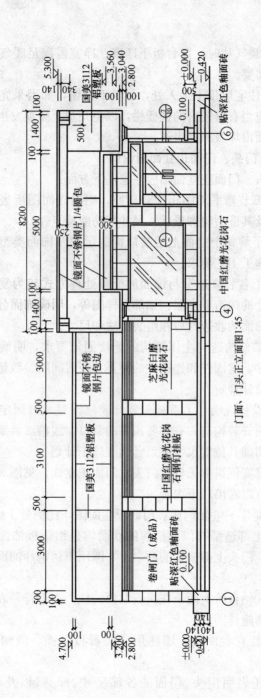

门面、门头正立面图1:45

图 3-33　室外装饰立面图

的品名、规格、色彩及工艺要求。

实例2：装饰门详图识读

阅读装饰门详图应注意以下方面：

1. 门详图通常由立面图、节点剖面详图及技术说明等组成。阅读装饰门详图时，根据详图符号，结合装饰门平面图、立面图、剖面图，了解详图的总体情况。

2. 阅读装饰门立面图时，弄清不同标注的含义，明确洞口尺寸、门套尺寸及门立面总尺寸等。

3. 阅读节点剖面详图时，注意区分不同部位的局部剖面节点，以明确门框与门扇的断面形状、尺寸、材料以及相互间的构造关系。

4. 阅读门套详图时，明确门套的材料组成、分层做法、饰面处理及施工方式等。

下面通过实例讲解怎样看装饰门详图，见图3-34。

从图中可以看出以下内容：

1. 本例图门框上槛包在门套之内，所以只注出洞口尺寸、门套尺寸与门立面总尺寸。

2. 本例图竖向与横向都有两个剖面详图。其中门上槛55mm×125mm、斜面压条为15mm×35mm、边框52mm×120mm，均表示它们的矩形断面外围尺寸。门芯为5mm厚磨砂玻璃，门洞口两侧墙面与过梁底面用木龙骨和中纤板、胶合板等材料包钉。

3. A剖面详图右上角的索引符号表明，还有比该详图比例更大的剖面图表达门套装饰的详细做法。

4. 门套的收口方式：阳角用线脚⑨包边，侧沿用线脚⑩压边，中纤板的断面用3mm厚水曲柳胶合板镶平。

5. 线脚大样比例为1∶1，是足尺图。

实例3：门头节点详图识读

阅读门头节点详图应注意以下方面：

1. 阅读门头节点详图时，与被索引图样对应，检查各部分的基本尺寸与原则性做法是否相符。

2. 通过阅读门头节点详图，明确门头上部造型体的结构形式

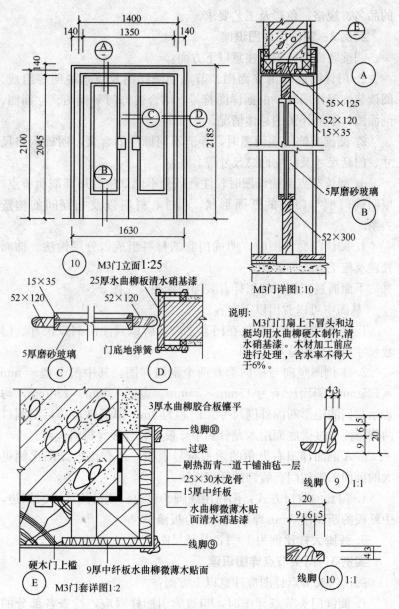

图 3-34 M3 门详图

图中标注：

1400
140 1350 140
A
140
2100 2045 2185
C D
B
1630
⑩
M3门立面1:25

15×35
52×120 52×120
25厚水曲柳板清水硝基漆
5厚磨砂玻璃 门底地弹簧
C D

E
55×125
52×120
15×35
5厚磨砂玻璃
B
52×300
M3门详图1:10

说明：
M3门门扇上下冒头和边梃均用水曲柳硬木制作，清水硝基漆。木材加工前应进行处理，含水率不得大于6%。

3厚水曲柳胶合板镶平
线脚⑩
过梁
刷热沥青一道干铺油毡一层
25×30木龙骨
15厚中纤板
水曲柳微薄木贴面清水硝基漆
线脚⑨
硬木门上槛
9厚中纤板水曲柳微薄木贴面
E
M3门套详图1:2

4 3
6 5
9 20
线脚 ⑨ 1:1

20
9 6 5
线脚 ⑩ 1:1
4 3

200

与材料组成。

3.通过阅读门头节点详图，明确装饰结构与建筑结构之间的连接方式。

4.通过阅读门头节点详图，明确饰面材料与装饰结构材料之间的连接方式，以及各装饰面间的衔接收口方式。

5.通过阅读门头节点详图，明确门头顶面排水方式。

6.图中注有各部详细尺寸与标高、材料品种与规格、构件安装间距及各种施工要求等内容，应仔细阅读。

下面通过实例讲解怎样看门头节点详图，见图3-35。

从图中可以看出以下内容：

1.阅读图名可知图是④～⑥轴门头节点详图。

2.造型体的主体框架由45mm×3等边角钢组成。上部用角钢挑出一个檐，檐下阴角处有一个1/4圆，由中纤板与方木为龙骨，圆面基层为三夹板。造型体底面为门廊顶棚，前沿顶棚是木龙骨，廊内顶棚是轻钢龙骨，基层面板均为中密度纤维板。前后迭级间又有一个1/4圆，结构形式同檐下1/4圆。

3.造型体的角钢框架一边搁于钢筋混凝土雨篷上，用金属胀锚螺栓固定。另一边置于素混凝土墩与雨篷梁上，用一根通长槽钢将框架、雨篷梁及素混凝土墩连接在一起。框架与墙柱之间用50mm×5等边角钢斜撑拉结。

4.造型体立面是铝塑板面层，用结构胶将其粘于铝方管上，然后用自攻螺钉把铝方管固定在框架上。门廊顶棚是镜面与亚光不锈钢片相间饰面，需折边8mm扣入基层板缝并加胶粘牢。立面铝塑板与底层不锈钢片间用不锈钢片包木压条收口过渡。

5.造型体顶面是单面内排水。不锈钢片泛水的排水坡度为3%，泛水内沿做有滴水线。

实例4：门及门套详图识读

阅读门及门套详图应注意以下方面：

1.识读门的立面图，明确立面造型、饰面材料及尺寸等。注意观察图中剖面索引符号，弄清剖面的形式及投影的方向。

2.识读门的平面图，注意门扇及两边门套的详细做法和线角

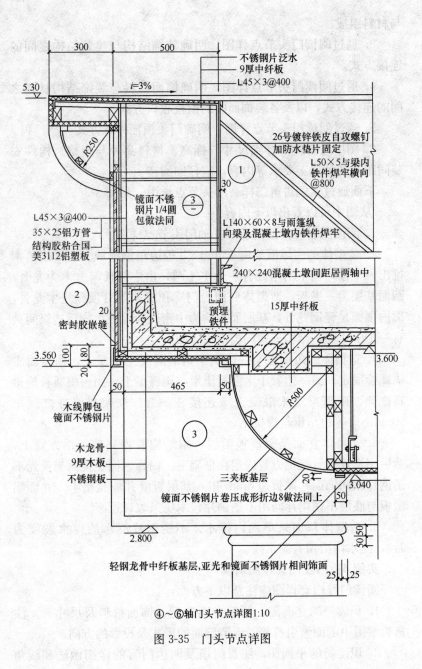

300 500

5.30 i=3%

不锈钢片泛水
9厚中纤板
L45×3@400

R250

26号镀锌铁皮自攻螺钉
加防水垫片固定

①

30

L50×5与梁内
铁件焊牢横向
@800

镜面不锈
钢片1/4圆
包做法同

③
—

L45×3@400

35×25铝方管

结构胶粘合国
美3112铝塑板

L140×60×8与雨篷纵
向梁及混凝土墩内铁件焊牢

240×240混凝土墩间距居两轴中

②

20

密封胶嵌缝

预埋
铁件

15厚中纤板

3.560 100 80

20

3.600

50 465 50

木线脚包
镜面不锈钢片

R500

③

木龙骨

9厚木板

不锈钢板

三夹板基层

镜面不锈钢片卷压成形折边8做法同上

20

3.040

50

2.800

50 50

轻钢龙骨中纤板基层,亚光和镜面不锈钢片相间饰面

25 25

④～⑥轴门头节点详图1:10

图3-35 门头节点详图

202

形式。

3. 识读节点详图，明确门扇与门套的用料、断面形状及尺寸等。

4. 识读门及门套详图时，注意门的开启方向，一般由平面图确定其方向。

下面通过实例讲解怎样看门及门套详图，见图 3-36、图 3-37。

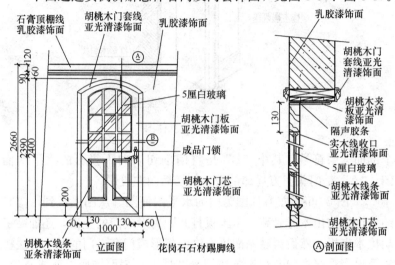

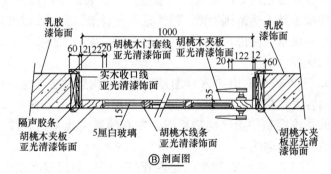

图 3-36　某别墅装饰门及门套详图

从上图中可以看出以下内容：

1. 图 3-36 所示门扇立面周边是胡桃木板饰面，门芯板处饰以胡桃木面板，门套饰以胡桃木线，亚光清漆饰面。门的立面高是2.400m、宽是 1.000m，门套宽度是 60mm。图中有 "A"、"B" 两

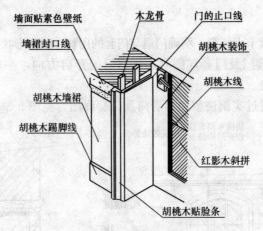

图 3-37　门套立体图

个剖面索引符号，其中"B"是将门剖切后向下投影的水平剖面图，"A"是门头上方局部剖面，剖切后向左投影。

2. 图 3-36 下方 B 详图为门的水平剖面图。从图上看到，门套的装饰结构由木龙骨架、木工板打底，为形成门的止口，还加贴了胡桃木夹板，然后再粘贴胡桃木饰面板形成门套。门的贴脸做法比较简单，直接把门套线安装在门套基层上，表面饰面以亚光清漆。门扇的拉手是不锈钢执手锁，门体是木龙骨架、表面饰以红影（中间）与胡桃木（两边）饰面板，为形成门表面的凹凸变化，胡桃木下垫有夹板。

3. 图 3-36 中右侧的 A 详图是门头处的构造做法，与 B 详图表达的内容大致相同，反映门套与门扇的用料、断面形状及尺寸等，不同的是该图是一个竖向剖面图，左右的细实线是门套线（贴脸条）的投影轮廓线。

4. 图 3-37 所示的 M-3 门是内开门，图中的门扇在室内一侧。门窗详图中一般要画出与之相连的墙面的做法、材料图例等，表示出门、窗与周边的联系，多余部分则用折断线折断后省略。

实例 5：木窗详图识读

阅读木窗详图应注意以下方面：

1. 阅读木窗详图时，结合木窗平面图、立面图、剖面图，了解详图的总体情况。

2. 通过阅读木窗详图，明确木窗的造型、结构、组成及相应的尺寸等内容。

3. 认真分析剖面的局部详图，判断木窗的内部构造。

下面通过实例讲解怎样看木窗详图，见图 3-38。

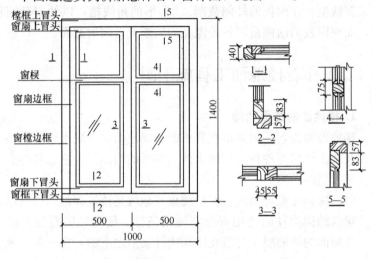

图 3-38　木窗详图

从上图中可以看出以下内容：

1. 这是一樘平开的木制窗，是由窗框与对开的两个窗扇所组成的。

2. 图中的窗户樘框由窗框的两个边框以及上、下冒头所组成，从 1—1 剖面、2—2 剖面和 5—5 剖面的局部详图上看，樘框的断面形状是在方形的截面上裁制出一个"L"形的缺口，同时在樘框的背面两侧也裁制出较小的凹下去的小角线槽。

3. 窗扇由边框、窗板与上、下冒头组成。但是从 1—1 剖面和 3—3 剖面的局部详图上看，窗扇的边框有两种断面形式，一种为窗扇外边框，其截面的外侧平直，内侧裁制出安装玻璃的"L"形裁口槽；另一种为位于两个窗扇中间的两个内边框（也称中梃），其除了要在断面上裁制出安装玻璃的"L"形裁口槽外，还需在内边框截面相对的另一面同样裁制出"L"形缺口,以利于两个窗户扇间关闭后互相弥合。

4. 窗扇的上、下冒头断面形状可参见2—2剖面与5—5剖面局部详图的内侧,截面形式与窗扇外边框截面形状大致相同。

5. 窗扇的窗板是指窗扇中的横枨,通常都是在窗棂截面的上下裁制线型。在窗板的外侧裁制"L"形的角线槽,以便安装窗玻璃,而在窗板的内侧裁制各种漂亮的坡形或者曲形截面。

3.4 怎样看楼地面工程施工图

1. 楼地面的饰面功能

楼地面饰面,一般是指在普通的水泥地面、混凝土地面、砖地面以及灰土垫层等各种地坪的表面所加做的饰面层。它通常具有以下三个方面的功能。

(1) 保护楼板与地坪:保护楼板与地坪是楼地面饰面的基本要求。建筑结构构件的使用寿命与使用条件、使用环境有较大的关系。楼地面的饰面层是覆盖在结构构件表面之上的,在一定程度上缓解了外力对结构构件的直接作用,可起到耐磨、防碰撞破坏以及防止渗透而引起的楼板内钢筋锈蚀等作用。

(2) 满足使用要求:人们对楼地面的使用,一般要求坚固、防滑、耐磨、不易起灰与易于清洁等。对于楼面而言,还要有防止生活用水渗漏的性能;而对于底层地面,应有一定的防潮性能。不同的部位,不同的使用功能,要求也并不相同。对于一些标准较高的建筑物及有特殊用途的空间,必须考虑以下一些功能。

1) 隔声要求:隔声主要是对于楼面而言的。居住建筑有隔声的必要,尤其是某些大型建筑,如医院、广播室以及录音室等,更要求安静与无噪声。因此,必须考虑隔声问题。

2) 吸声要求:在标准较高、室内音质控制要求严格以及使用人数较多的公共建筑中,合理地选择与布置地面材料,对于有效地控制室内噪声具有十分积极的作用。一般来说,表面致密光滑、刚性较大的地面,如大理石地面,对于声波的反射能力较强,吸声能力较差。而各种软质地面，可起到较大的吸声作用，如化纤地毯的平均吸声系数达到 0.55。

3) 保温性能要求：从材料特性的角度考虑，水磨石地面与大理石地面等均属于热传导性较高的材料，而木地板与塑料地面等则属于热传导性较低的地面。从人的感受角度加以考虑，需要注意，人会以某种地面材料的导热性能的认识来评价整个建筑空间的保温特性。因此，对于地面保温性能的要求，宜结合材料的导热性能、暖气负载和冷气负载的相对份额的大小、人的感受以及人在这一空间活动的特性等因素加以综合考虑。

4) 弹性要求：当一个不太大的力作用于一个刚性较大的物体（如混凝土楼板）时，这时楼板将作用在它上面的力全部反作用于施加这个力的物体之上。与此相反，当作用于一个有弹性的物体（如橡胶板）时，则反作用力要小于原来所施加的力。这主要是因为弹性材料的变形具有吸收冲击能力的性能，冲力较大的物体接触到弹性物体，其所受到的反冲力要比原先要小得多，因此，人在具有一定弹性的地面上行走，感觉会相对舒适。对于一些装修标准较高的建筑室内地面，应当尽可能采用有一定弹性的材料作为地面的装修面层。

（3）满足装饰方面的要求：楼地面的装饰是整个工程的重要组成部分，对整个室内的装饰效果有较大影响。它与顶棚共同构成了室内空间的上、下水平要素，同时通过二者巧妙的结合，可以使室内产生优美的空间序列感。

可见，处理好楼地面的装饰效果及其与功能之间的关系，是由多方面因素共同促成的，因此，必须要考虑到诸如空间的形态、整体的色彩协调、装饰图案、家具饰品的配套、质感的效果、人的活动状况以及心理感受等因素。

2. 楼地面的构造层次及其作用

楼地面构造基本上可分为基层与面层两个主要部分。为满足找平、结合、防水、防潮、弹性、保温隔热及管线敷设等功能上的要求，通常还要在基层与面层之间增加相依功能的附加构造层，也称为中间层。

（1）基层：底层地面的基层是指素土夯实层。对于相对较好的填土如砂质黏土，只要夯实便可满足要求。碰到土质较差时，可以掺碎砖和石子等骨料夯实。

楼层地面的基层是钢筋混凝土的楼板。

基层的作用主要是承受其上的全部荷载，因此要求基层应当坚固稳定，以保证安全与正常使用。

（2）附加构造层：附加构造层主要包括垫层、找平层、隔离层（防水防潮层）、填充层及结合层等，其设置应当考虑实际需要。各类附加构造层虽然所起的作用不同，但是都必须承受并传递由面层传来的荷载，要有较好的刚性、韧性与较大的蓄热系数，有隔声、保温、防潮以及防水的能力。

1）垫层：垫层是指承受并均匀传布荷载给基层的构造层，分刚性垫层与柔性垫层两种。

刚性垫层有足够的整体刚度，受力后变形较小。常采用 C10～C15 低强度素混凝土，厚度通常为 50～100mm。

柔性垫层整体刚度较小，受力后容易产生塑性变形。常用灰土、三合土、砂、炉渣、矿渣以及碎（卵）石等松散材料，厚度为 50～150mm 不等。三合土垫层为熟化石灰、砂与碎砖的拌和物，拌和物的体积比宜为 1∶3∶6（或者 1∶2∶4），或者按设计要求配料。炉渣垫层有三种：一为单用炉渣；二为炉渣中掺有一定比例的水泥，如 1∶6 水泥焦砟；三是水泥、石灰和炉渣的拌和物，如 1∶1∶8 水泥白灰焦砟，既可以用于垫层，也可以用于填充层。

2）找平层：找平层是起找平作用的构造层。一般设置于粗糙的基层表面，用水泥砂浆（约 20mm 厚）弥补取平，以利于铺设防水层或者较薄的面层材料。

3）隔离层：隔离层主要用于卫生间、厨房、浴室、盥洗室与洗衣间等地面的构造层，起防渗漏的作用，对底层地面又起防潮作用。

隔离层可以采用沥青胶结料、掺有防水剂或者密实剂的防水砂浆和防水混凝土、卷材类的高聚物改性沥青防水卷材与合成高分子卷材及防水类的涂料。

4）填充层：填充层主要是起隔声、保温、找坡或者敷设暗管线等作用的构造层。填充层的材料可以用松散材料、整体材料或者板块材料，如水泥石灰炉渣、加气混凝土以及膨胀珍珠岩块等。

5）结合层与黏结层：结合层是促使上、下两层之间结合牢固的媒介层，如在混凝土找坡层上抹水泥砂浆找平层，其结合层的材料为素水泥浆；在水泥砂浆找平层上涂刷热沥青防水层，其结合层的材料为冷底子油。

粘结层是把一种材料粘贴于基层时所使用的胶结材料，在上、下层间起黏结作用的构造层，如粘贴陶瓷地砖于找平层上所用的水泥砂浆粘贴层。

（3）面层：面层主要是指人们进行各种活动与其接触的地面表面层，它直接承受摩擦与洗刷等各种物理与化学的作用。根据不同的使用要求，面层的构造也各不相同。如客厅与卧室要求有较好的蓄热性与弹性，浴室与卫生间要求耐潮湿、不透水，厨房要求防火、耐火，实验室则要求耐酸碱、耐腐蚀等。但无论何种构造的面层，均应具有一定的强度、耐久性、舒适性以及装饰性。

3. 楼地面饰面的分类

楼地面的种类很多，可以从面层材料、构造方法与施工工艺等不同角度来分类。

根据饰面材料的不同，可以分为水泥砂浆地面、水磨石地面、大理石（花岗石）地面、地砖地面、木地板地面以及地毯地面等。

根据构造方法与施工工艺不同，可以分为整体类地面、块材类地面、木地面以及人造软制品地面等。

实例 1：地面布置图识读

阅读地面布置图应注意以下方面：

1. 地面布置图主要以反映地面装饰分格及材料选用为主，识读时首先要了解建筑平面图的基本内容。

2. 通过阅读地面布置图，明确室内楼地面材料选用、颜色与分格尺寸及地面标高等内容。

3. 通过阅读地面布置图，明确楼地面拼花造型。

4. 阅读地面布置图时，注意索引符号、图名及必要的说明。

下面通过实例讲解怎样看地面布置图，见图 3-39。

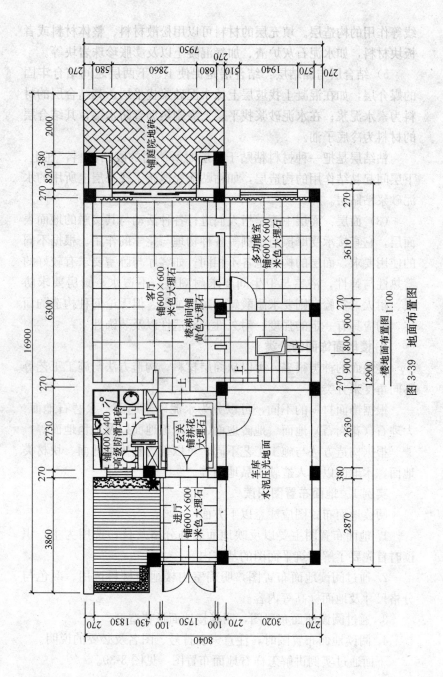

图 3-39　地面布置图

一楼地面布置图 1:100

铺庭院地砖

客厅
铺600×600
米色大理石

多功能室
铺600×600
米色大理石

楼梯间铺
黄色大理石

铺400×400
高级防滑地砖

玄关
铺拼花
大理石

车库
水泥压光地面

进厅
铺600×600
米色大理石

从上图中可以看出以下内容：

1. 进厅地面采用 600mm×600mm 的米色大理石；

2. 玄关地面铺拼花大理石；

3. 多功能厅铺设 600mm×600mm 的米色大理石；

4. 客厅地面铺设 600mm×600mm 的米色大理石；

5. 卫生间铺 400mm×400mm 防滑地砖；

6. 楼梯间铺设黄色大理石；

7. 车库地面用水泥压光地面；

8. 绿化房间铺设实木地板；

9. 庭院铺庭院地砖。

实例 2：地面铺贴图识读

阅读地面铺贴图应注意以下方面：

1. 阅读地面铺贴图时，应注意不同地面装饰材料的形式及规格、带有地面装饰材料的铺装方式、色彩、种类以及施工工艺要求的文字说明。

2. 明确不同地面装饰材料的分格线以及必要的尺寸标注，注意剖切符号、详图索引符号等。

3. 如果地面材料的种类、规格等较为简单，地面铺贴图可合并到平面布置图中绘制。识读时，注意理解它们之间的关系。

4. 当平面中各个房间画满相关内容显得比较繁乱时，可在同一房间内地面材质相对比较统一情况下采用折断符号来省略表示一部分地面铺贴材料。识读时，需要注意这一点。

5. 地面铺贴图中标高的标注均是以当前楼层室内主体地面为 ±0.000 进行标注的。

6. 地面铺装图的识读、绘制步骤与平面布置图的识读比较近似，在读图时应注意不同房间地面材质的种类和规格差异、注意不同界面高差变化情况。

下面通过实例讲解怎样看地面铺贴图，见图 3-40。

从图 3-40 中可以看出以下内容：

1. 本套住宅户型的室内建筑空间中除了厨房操作台外其他平面都进行了材料铺装。

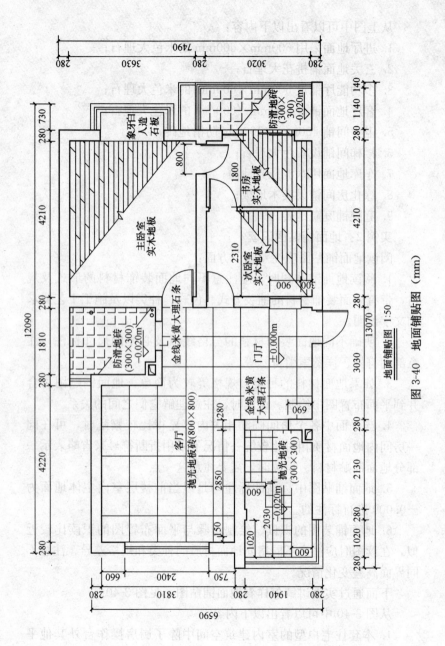

图 3-40　地面铺贴图（mm）

2. 考虑到客厅与门厅公共性很强，这些空间地面采用耐磨、便于清洁、尺寸是 800mm×800mm 的抛光地板砖来铺贴，厨房铺贴的是 300mm×300mm 的抛光地板砖。卫生间与阳台地面考虑到防水使用要求所以采用防滑类地板砖来铺贴，规格是 300mm×300mm。

3. 卧室、书房采用了实木地板拼装地面。

4. 卧室窗台采用了象牙白人造石板，厨房和卫生间与客厅之间的门洞过渡地面采用了金线米黄大理石来装饰。厨房、卫生间及阳台地面标高低于主体室内 20mm。

5. 接近地面的踢脚线在图中没有表示出来，但是在总设计说明中有所涉及。

实例 3：底层平面图识读

阅读底层平面图应注意以下方面：

1. 读图名，看比例，辨朝向，识形状。

2. 定轴线，明确建筑物墙体厚度、柱子截面尺寸以及墙、柱的平面布置情况，各房间的平面位置，房间的开间、进深尺寸以及门窗的位置、尺寸等。

3. 阅读尺寸，判断建筑物建筑面积与使用面积，明确各部位标高。

4. 阅读图例与索引，了解细部构造。

5. 查阅建筑物附属设施的平面位置。

6. 在阅读房屋平面图时，除了阅读上述主要内容外，还应核对各部位尺寸看有无矛盾，核对门窗数量与门窗表是否一致，结合建筑设计说明查阅施工以及材料要求等。

下面通过实例讲解怎样看底层平面图，见图 3-41。

从图中可以看出以下内容：

1. 该楼朝向为坐南朝北，绘图比例是 1：100。房屋的总长 22.7m，总宽 12.2m。

2. 房屋的外墙厚度是 250mm，内墙厚度是 200mm。

3. 房屋中间是通长的走廊，走廊将房间分成南北两部分。南边有三间办公室，一大间、两小间；北边有四间办公室，两间卫生

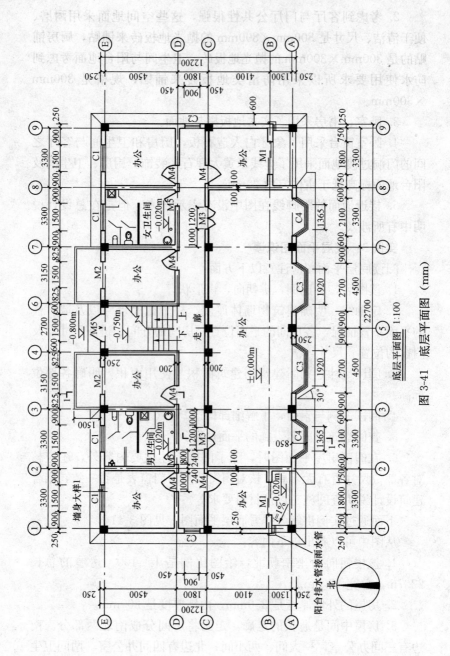

图 3-41　底层平面图

底层平面图 1:100

间与一间楼梯间。走廊北面东西两侧办公室与卫生间的开间为3300mm，进深是4500mm。

4. 进楼门 M5 为双扇外开门，宽度为 1500mm。

5. 南部办公室通往阳台的门编号 M1，宽度为 1800mm，为推拉门。

6. 北部办公室与卫生间的窗户 C1，宽度 1500mm，走廊窗户 C2，宽度 900mm。室外地坪标高 −0.800m，室内外高差 800mm。楼梯入口处标高 −0.750m。

7. 卫生间标高为 −0.020m，比室内地面低 20mm。

8. 房屋四周为散水，宽度为 600mm。

实例 4：楼地面平面图识读

阅读楼地面平面图应注意以下方面：

1. 楼地面平面图主要以反映地面装饰分格、材料选用为主，阅读时首先了解建筑平面图的基本内容。

2. 通过阅读楼地面平面图，明确室内楼地面材料选用、颜色与分格尺寸以及地面标高等内容。

3. 通过阅读楼地面平面图，明确楼地面拼花造型。

4. 阅读时，需注意索引符号、图名及必要的文字说明等内容。

下面通过实例讲解怎样看楼地面平面图，见图 3-42。

从图中可以看出以下内容：

1. 除了书房的地面为胡桃木实木地板外，其他主要房间如客厅、餐厅以及楼梯等为幼点白麻花岗石地面。

2. 客厅和餐厅为 800mm×800mm 幼点白麻花岗石铺贴，且每间中央都做拼花造型。

3. 厨房与卫生间铺贴 400mm×400mm 防滑地砖，楼梯台阶也是幼点白麻铺设。

4. 石材地面均设 120mm 宽黑金砂花岗石走边。

5. 客厅中央地面做拼花造型。

实例 5：住宅室内地面结构图识读

阅读住宅室内地面结构图应注意以下方面：

1. 住宅室内地面结构图主要以反映室内地面的铺装材料和结

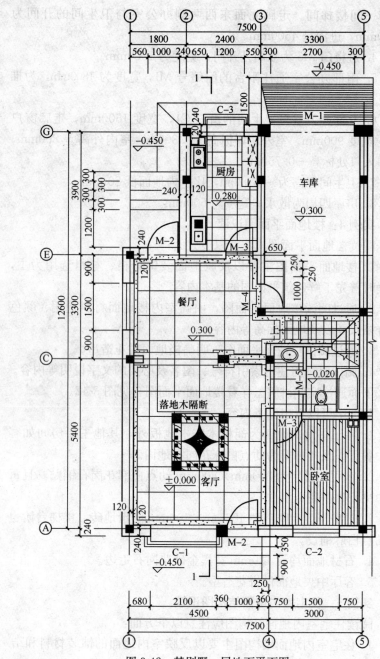

图 3-42 某别墅一层地面平面图

构为主，识读时首先了解一下结构图的总体情况。

2. 通过阅读住宅室内地面结构图，明确客厅、卧室、厨房、卫生间等地面铺装材料的品种、规格及数量等内容。

下面通过实例讲解怎样看住宅室内地面结构图，见图 3-43。

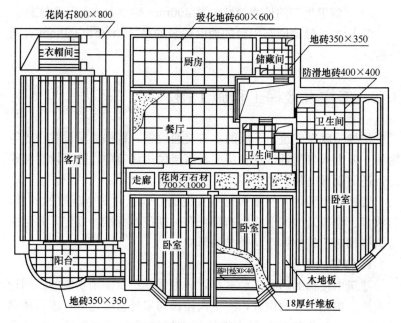

图 3-43　住宅室内地面结构图

从上图中可以看出以下内容：

1. 入门处与走廊铺装的是花岗石石材，厨房与卫生间铺装的是不同型号的地砖，而其余的卧室与客厅铺装的是长条形的木地板。

2. 从图中标注的剖面符号来看，住宅内的客厅与卧室等多数房间地面铺装的是条形实木地板面层，其下是一层 18mn 厚的纤维板，纤维板是铺装在由 30mm×40mm 的落叶松木材构成的地面龙骨上。

3. 入口处与走廊铺装的均是花岗石石材，但是铺装有所不同。入口处铺装的石材属于常规铺装，规格为 800mm×800mm；而走廊铺装的石材需要按图样所设计的间距进行拼合，是由两种不同规格的石材拼合成简单的图案，即镶边造型，主材的规格为 700mm×1000mm。

4. 厨房与餐厅铺装的是规格为 600mm×600mm 的玻化地砖。

5. 右侧卫生间的地面铺装的是 400mm×400mm 的防滑地砖。

6. 厨房的储藏间与阳台的地面铺装的是 350mm×350mm 普通地砖。

3.5 怎样看楼梯工程施工图

楼梯是联系建筑上下层的垂直交通设施。楼梯通常设置在建筑物的主要出入口附近，在多层或者高层民用建筑中，除了设置楼梯外，还需设置电梯、坡道等垂直交通设施。

楼梯应当满足人们正常时垂直交通、紧急时安全疏散的要求，其数量、位置及平面形式应当符合有关规范与标准的规定，并且应考虑楼梯对建筑整体空间效果的影响。

1. 楼梯的类型

建筑中楼梯的形式多种多样，应根据建筑及使用功能的不同进行选择。根据楼梯的位置，有室内楼梯与室外楼梯之分；根据楼梯的材料，可分为钢筋混凝土楼梯、钢楼梯、木楼梯及组合材料楼梯；根据楼梯的使用性质，可分成主要楼梯、辅助楼梯、疏散楼梯及消防楼梯。

工程中，一般按楼梯的平面形式进行分类。可以分为单跑楼梯、双跑楼梯、三跑楼梯、直角式楼梯、合上双分式楼梯及分上双合式楼梯等多种形式的楼梯，如图 3-44 所示。

按照楼梯间形式可分开敞式楼梯间、封闭式楼梯间及防烟楼梯间等，如图 3-45 所示。

楼梯形式的选择主要取决于其所处的位置、楼梯间的平面形状和大小、楼层高低和层数、人流多少与缓急等因素，设计时应综合权衡这些因素。目前，在建筑中采用较多的是双跑平行楼梯（又简称为双跑楼梯或者两段式楼梯），其他诸如三跑楼梯、双分平行楼

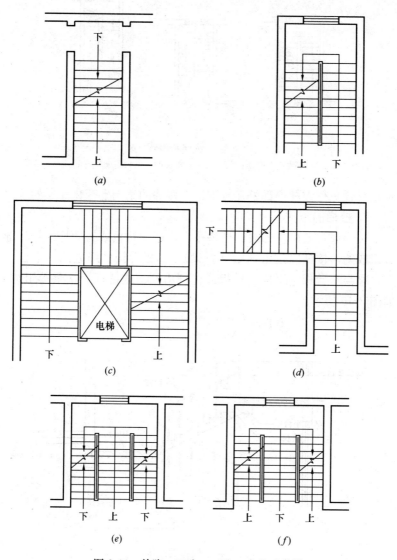

图 3-44　单跑、双跑、三跑、直角式楼梯

(a) 单跑楼梯；(b) 双跑楼梯；(c) 三跑楼梯；(d) 直角式楼梯；(e) 合上双分式楼梯；(f) 分上双合式楼梯

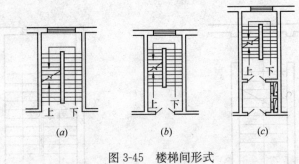

图 3-45　楼梯间形式

(a) 开敞式楼梯间；(b) 封闭式楼梯间；(c) 防烟楼梯间

梯及双合平行楼梯等都是在双跑平行楼梯的基础上变化而成的。

2. 楼梯的组成

楼梯通常是由楼梯段、楼梯平台、楼梯栏板或者楼梯栏杆三部分组成的。楼梯段是由梯梁（斜梁）、梯板等构件组成的。平台由平台梁与平台板等组成。栏板或栏杆由栏板或栏杆、扶手等组成，如图 3-46 所示。

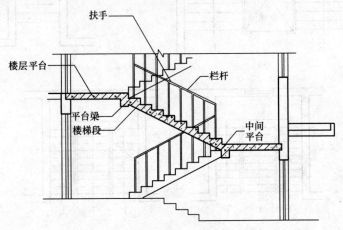

图 3-46　楼梯的组成

（1）楼梯段

楼梯段是指两平台之间带踏步的斜板，是由若干个踏步构成的，是楼梯的主要组成部分。每个踏步通常由两个相互垂直的平面组成，供人行走时踏脚的水平面称之为踏面，其宽度是踏步宽。踏步的垂直面称之为踢面，其数量称为级数，高度称为踏步高。为了消除疲劳，每一楼梯段的级数通常不应超过 18 级，同时，考虑人们行走的习惯性，楼梯段的级数也不应少于 3 级，这是因为级数过少不易引起人们注意，容易摔倒。公共建筑中的装饰性弧形楼梯可略超过 18 级。

　　梯段尺度分为梯段宽度与梯段长度。梯段宽度应当根据紧急疏散时要求通过的人流股数的多少确定。作为主要通行用的楼梯，楼梯段宽度应至少满足两个人相对通行。计算通行量时，每股人流应当按 0.55m＋（0～0.15）m 计算，其中 0～0.15m 是人在行进中的摆幅。非主要通行的楼梯，应当满足单人携带物品通过的需要。此时，梯段的净宽通常不应小于 900mm，如图 3-47 所示。住宅套内楼梯的梯段净宽应当满足以下规定：当梯段一边临空时，不应小于 0.75m；当梯段两侧有墙时，不应小于 0.9m。

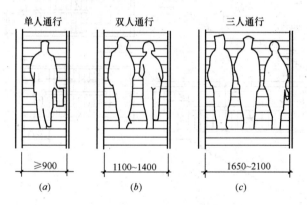

图 3-47　楼梯段的宽度
（a）单人通行；（b）双人通行；（c）三人通行

　　梯段长度 L 是每一梯段水平投影长度，其值为 $L = b \times (N - 1)$，其中 b 是踏面水平投影步宽，N 是梯段踏步数。

　　（2）楼梯平台

　　楼梯平台是两楼梯段之间的水平连接部分。依据位置的不同分为中间平台与楼层平台。中间平台的主要作用是楼梯转换方向与缓解人们上楼梯的疲劳，所以又称休息平台。楼层平台与楼层地面标高平齐，除起着中间平台的作用之外，还用来分配从楼梯到达各层的人流，解决楼梯段转折的问题。

平台宽度分为中间平台宽度与楼层平台宽度。平台宽度与楼梯段宽度的关系如图 3-48 所示。对于平行与折行多跑楼梯等类型楼梯，其转向后的中间平台宽度应不小于梯段宽度，以保证通行与梯段同股数人流，同时，应便于家具搬运，医院建筑还应当保证担架在平台处能转向通行，其中间平台宽度应不小于 1800mm。对于直行多跑楼梯，其中间平台宽度等于梯段宽，或者不小于 1000mm。对于楼层平台宽度，应比中间平台更宽松一些，以利于人流分配与停留。

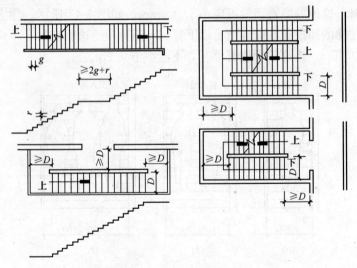

图 3-48　楼梯段和平台的尺寸关系
D—梯段净宽度；g—踏面尺寸；r—踢面尺寸

中间休息平台的净宽度不小于梯段净宽，且不得小于 1.10m。楼梯平台结构下缘到人行过道的垂直高度不应低于 2m。

（3）栏杆（板）扶手

栏杆与栏板是设在梯段以及平台边缘的全保护构件。在栏杆或者栏板上部安装扶手，栏杆高不应小于 1.05m，栏杆的净空不应大

222

于 0.11m，以免小孩钻出发生事故。

楼梯宜设置专门房间即楼梯间，楼梯平台上部以及下部过道处净高不应小于 2m，梯段净高不应小于 2.2m，以免碰头，特别在底层楼梯平台下作通道或者储藏室时更应注意。

当梯段宽度不大时，可以只在梯段临空面设置。当梯段宽度较大时，非临空面也应当加设靠墙扶手。当梯段宽度很大时，则需在楼梯中间加设中间扶手。

3. 楼梯的设置与尺度

（1）楼梯的设置

楼梯在建筑中的位置应当标志明显、交通便利、方便使用。楼梯应当与建筑的出口关系紧密、连接方便，楼梯间的底层通常均应设置直接对外出口。当建筑中设置数部楼梯时，其分布应当符合建筑内部人流的通行要求。

除了个别的高层住宅之外，高层建筑中至少要设两个或者两个以上的楼梯。普通公共建筑一般至少要设两个或者两个以上的楼梯。

设有不少于两个疏散楼梯的一、二级耐火等级的公共建筑，如顶层局部升高时，其高出部分的层数不超过两层，每层建筑面积不超过 200m²，人数之和不超过 50 人时，可以设一个楼梯。但是应另设一个直通平屋面的安全出口。

（2）楼梯的坡度

楼梯的坡度即楼梯段的坡度，可采用两种方法表示：一种是用楼梯段与水平面的夹角表示；另一种是用踏步的高宽比表示。普通楼梯的坡度范围通常在 $20°\sim45°$，合适的坡度一般为 $30°$ 左右，最佳坡度是 $26°34'$。当坡度小于 $20°$ 时采用坡道；当坡度大于 $45°$ 时则需采用爬梯。

确定楼梯的坡度应当根据房屋的使用性质、行走的方便以及节约楼梯间的面积等多方面的因素综合考虑。楼梯、爬梯以及坡道的坡度范围如图 3-49 所示。对于使用人员情况复杂并且使用较频繁的楼梯，其坡度应当比较平缓，一般可采用 1：2 的坡度，反之，坡度可较大些，一般采用 1：1.5 左右的坡度。

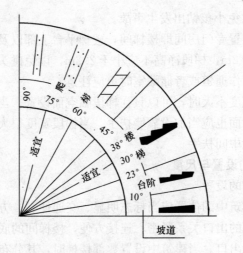

图 3-49　楼梯、爬梯、坡道的坡度

（3）踏步尺寸

踏步是由踏面与踢面组成的，二者投影长度之比决定了楼梯的坡度。一般而言，踏面的宽度应当大于成年男子脚的长度，使人们在上下楼梯时脚可全部落在踏面上，以保证行走时的舒适。

踢面的高度取决于踏面的宽度，成人一般以 150mm 左右较适宜，不应当高于 175mm。

踏步的尺寸应当根据建筑的功能、楼梯的通行量以及使用者的情况进行选择。

由于踏步的宽度经常受到楼梯间进深的限制，可以在踏步的细部进行适当变化来增加踏面的有效尺寸，如采取加做踏步檐或者使踢面倾斜，如图 3-50 所示。踏步檐的挑出尺寸通常为 20～30mm，使踏步的实际宽度大于其水平投影宽度。

（4）楼梯的净空高度

楼梯的净空高度是指楼梯平台上部与下部过道处的净空高度，以及上下两层楼梯段间的净空高度，如图 3-51 所示。

楼梯的净空高度应能保证行人能够正常通过，避免在行进中产生压抑感，同时还需考虑搬运家具设备的方便。

224

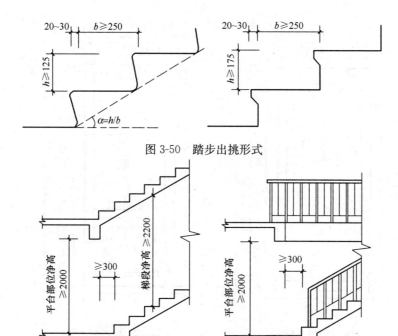

图 3-50　踏步出挑形式

图 3-51　梯段及平台部位的净高要求

实例 1：楼梯平面图识读

阅读楼梯平面图应注意以下方面：

1. 楼梯平面图中一般画一条与踢面线成 30°的折断线。各层下行梯段不予剖切。识读时注意楼梯间平面图为房屋各层水平剖切后的向下正投影，如同建筑平面图。如果中间几层构造一致，通常只画一个标准层平面图。因此楼梯平面详图一般只画出底层、中间层及顶层三个平面图。

2. 通过阅读楼梯平面图，明确楼梯间的轴线编号、开间及进深尺寸，楼地面与中间平台的标高，以及梯段长度、平台宽度等细部尺寸。

3. 注意梯段长度的尺寸一般标为：踏面数×踏面宽＝梯段长。

下面通过实例讲解怎样看楼梯平面图，见图 3-52。

从图中可以看出以下内容：

1. 中间层梯段的长度是 8 个踏步的宽度之和(270×8＝2160)，

225

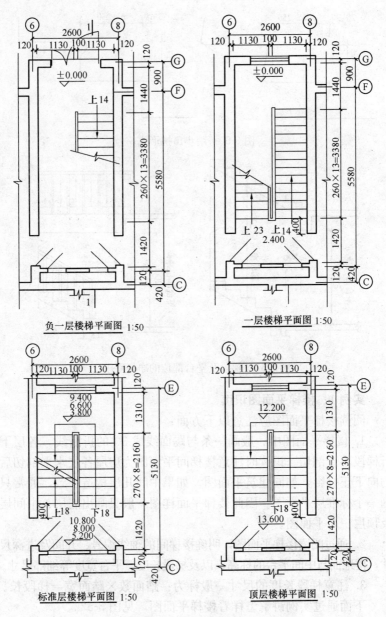

图 3-52 楼梯平面图

负一层楼梯平面图 1:50

一层楼梯平面图 1:50

标准层楼梯平面图 1:50

顶层楼梯平面图 1:50

而中间层梯段的步级数为 9(18/2)。

2. 负一层平面图中只有一个被剖到的梯段。图中注有"上 14"的箭头表示从储藏室层楼面向上走 14 步级可达一层楼面，梯段长为 260×13＝3380mm，表明每一踏步宽 260mm，一共有 13＋1＝14 级踏步。在负一层平面图中，必须注明楼梯剖面图的剖切符号等。

3. 一层平面图中注有"下 14"的箭头表示从一层楼面向下走 14 步级可达储藏室层楼面，"上 23"的箭头表示从一层楼面向上走 23 步级可达二层楼面。

4. 标准层平面图表示了二、三、四层的楼梯平面，该图中没有画出雨篷的投影，其标高的标注形式应当注意，括号内的数值是替换值，是上一层的标高标准层平面图中的踏面，上下两梯段均画成完整的。上行梯段中间画有一与踢面线成 30°的折断线。折断线两侧的上下指引线箭头是相对的。

5. 顶层平面图的踏面是完整的。只有下行，所以梯段上没有折断线。楼面临空的一侧装有水平栏杆。顶层平面图画出了屋顶檐沟的水平投影，楼梯的两个梯段都是完整的梯段，只注有"下 18"。

实例 2：楼梯剖面图识读

阅读楼梯剖面图应注意以下方面：

1. 楼梯剖面图一般用 1：50 的比例画出。其剖切位置通常选择在通过第一跑梯段及门窗洞口，且向未剖切到的第二跑梯段方向投影。识读时注意图中比例及投影方向。

2. 剖到梯段的步级数可以直接看到，未剖到梯段的步级数因被栏板遮挡或者因梯段为暗步梁板式等原因而不可见时，可以用虚线表示，识读时需注意这一点。

3. 多层或者高层建筑的楼梯间剖面图，如果中间若干层构造一样，可以用一层表示这些相同的若干层剖面，因此识读时，从此层的楼面与平台面的标高可看出所代表的若干层情况。

4. 识读时，水平方向确定被剖切墙的轴线编号、轴线尺寸以及中间平台宽、梯段长等细部尺寸。

5. 识读时，竖直方向确定剖到墙的墙段、门窗洞口尺寸以及梯段高度、层高尺寸。

下面通过实例讲解怎样看楼梯剖面图，见图 3-53。

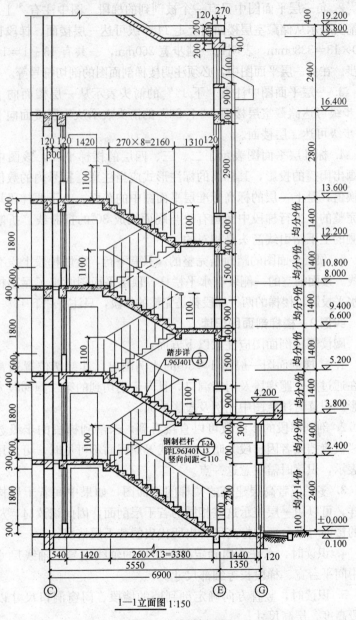

1—1立面图 1:150

图 3-53　楼梯剖面图

从上图中可以看出以下内容：

1. 楼梯剖面图标注出了楼梯间的进深尺寸与轴线编号，地面、平台面、楼面等的标高，梯段、栏杆（或者栏板）的高度尺寸（根据建筑设计规范规定：楼梯扶手高度应自踏步前缘量至扶手顶面的垂直距离，其高度不得小于 900mm）。

2. 梯段的高度尺寸与踢面高和踏步数合并书写，如图中 1400 均分 9 份，表示有 9 个踢面，每个踢面高度为 1400mm/9 =155.6mm。

3. 梯段高度为 1400mm。

实例 3：楼梯详图识读

阅读楼梯详图应注意以下方面：

1. 通过阅读楼梯详图，明确楼梯的造型样式、材料选用以及尺寸标高。

2. 通过阅读楼梯详图，明确楼梯所依附的建筑结构材料、连接做法等。

3. 通过阅读楼梯详图，明确栏杆扶手的详细构造组成。

下面通过实例讲解怎样看楼梯详图，见图 3-54。

从图中可以看出以下内容：

1. 图 3-54（a）为楼梯平面图，图 3-54（b）为楼梯剖面图及节点详图。

2. 底层平面图只有一个被剖切的梯段与栏板，并注有"上"字的长箭头。

3. 本图除了画出承重墙以外，还画出了楼梯与餐厅之间的隔墙、支承楼梯梁的砖柱的位置与大小等。

4. 从文字说明可以了解到，休息平台与第二梯段的下方用作贮藏室兼自行车库。

5. 本图的二层平面图也是顶层平面图，画出两段完整的梯段与休息平台，在梯口处有一个注"下"字的长箭头。

6. 底层与二层注出了相同的踏步数，但是所注的踏步数比总级数少二级，这主要是由于各梯段的最高一级踏面与休息平台或者楼层面重合的缘故。

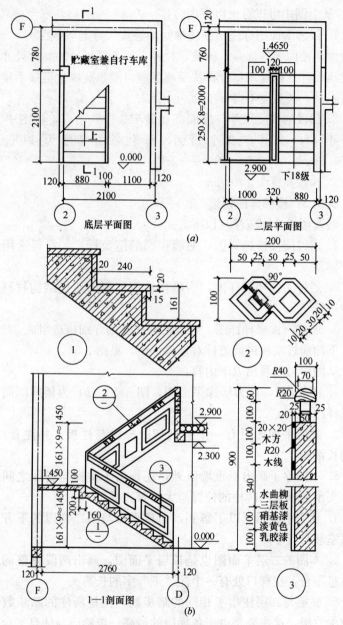

贮藏室兼自行车库

780

2100

上

0.000

120 880 100 1100 120

2100

② 底层平面图 ③

120

760

1.4650

120

100 100

250×8=2000

2.900 下18级

1000 320 880 120

② 二层平面图 ③

(a)

20 240

20

15

161

①

200

50 25 50 25 50

90°

100

10 20 30 20 10

②

100

R40 70

R20

60

100

100 20×20
木方

100 R20
木线

100

340

水曲柳
三层板
硝基漆
淡黄色
乳胶漆

100 100

25

20

50

25

③

900

②

2.900

2.300

③

1.450 100

161×9≈1450

161×9≈1450

160

①

0.000

2760

120 120

Ⓕ 1—1剖面图 Ⓓ

(b)

图 3-54 楼梯详图

(a) 楼梯平面图；(b) 楼梯剖面图及节点详图

230

7. 本例的剖面图是从第一梯段剖切后向右（东）投影的。对踏步形式、级数以及各踢面高度、平台面、楼面等的标高都注有详细的尺寸。对于栏板、扶手等细部的构造与材料等又用索引符号引出，表示另有节点详图表示。

实例4：楼梯栏板详图识读

阅读楼梯栏板详图应注意以下方面：

1. 现代装饰工程中楼梯栏板（杆）的材料一般比较高档，工艺制作精美，节点构造讲究，所以其详图也相对比较复杂，识读时应认真仔细。

2. 楼梯栏板（杆）详图，一般包括楼梯局部剖面图、顶层栏板（杆）立面图、扶手大样图、踏步及其他部位节点图，识读时注意区分。

3. 按索引符号所示顺序，逐个阅读研究各节点大样图。弄清各细部所用材料、尺寸、构造做法以及工艺要求。

4. 阅读楼梯栏板详图应当结合建筑楼梯平、剖切图进行。计算出楼梯栏板的全长（延长米），以便安排材料计划和施工计划。

5. 对其中与主体结构连接部位，要看清楚固定方式，应照会土建施工单位，在施工中按照图示位置安放预埋件。

下面通过实例讲解怎样看楼梯栏板详图，见图3-55。

从图中可以看出以下内容：

1. 该楼梯栏板是由木扶手、不锈钢圆管和钢化玻璃所组成。

2. 栏板高1.00m，每隔两踏步有两根不锈钢圆管，圆管间的距离为0.14m。

3. B详图表示钢化玻璃与不锈钢圆管的连接构造；C详图表示圆管与踏步的连接；A详图表示扶手的断面形状与材质，使用琥珀黄硝基漆饰面。D详图表示扶手尽端与墙体连接方法及所用材料。

4. 从图中可以了解到，顶层栏板受梯口宽度影响，其水平向的构造分格尺寸与斜梯段不同。

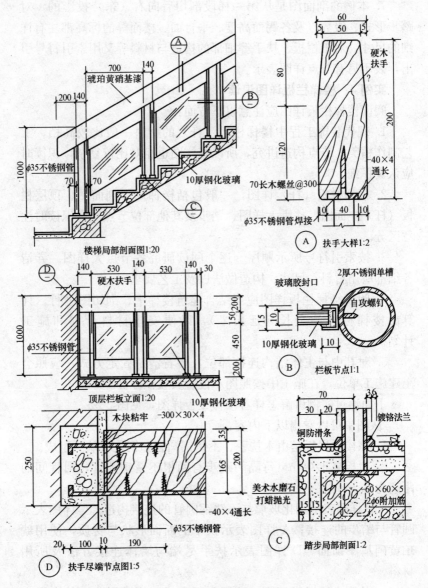

图 3-55　楼梯栏板详图

3.6 怎样看家具装饰施工图

家具是人们从事各类活动的主要器具，人类的工作、学习、交往、娱乐、休息等均与家具有关，是整个室内空间中最为重要的装饰物。家具主要有以下几方面的作用：

（1）明确空间

除了作为交通性的通道等空间之外，绝大部分的室内空间（厅、室）在家具未布置之前是难于付之使用与难于识别其功能性质的，更谈不上其功能的实际效率，所以，可以这样说，家具是空间实用性质的直接表达者，家具的组织与布置也是空间组织使用的直接体现，是对室内空间组织、使用的再创造。

（2）组织空间

在室内空间中，人们的活动或者生活方式是多种多样的，要满足这些生活方式就需在室内空间中创造不同功能区域，充分利用家具布置来灵活组织分隔空间是建筑装饰设计中常用手法之一，它不仅能有效分隔空间、充实空间，还能够提高室内空间使用的灵活性与利用率，同时使各功能空间隔而不断，既相对独立，又相互联系。

（3）丰富空间

经过不同虚实形态的家具处理，可以将单调呆板的空间，变得围透多变，情趣盎然。

（4）创造氛围

由于家具在室内空间所占的比重很大，体量十分突出，因此家具便成为室内空间表现的重要角色。历来人们对家具除了注意其使用功能以外，还利用各种艺术手段，通过家具的形象来表达某种思想与涵义。

实例1：家具设计图识读

阅读家具设计图应注意以下方面：

1. 阅读设计图要先看标题栏、图名及比例等，明确该图所表示的是什么家具。

2. 通过对基本三视图与透视图的了解，明确家具的主要形象及功能特点。

3. 在众多尺寸中，应注意区分总体尺寸与特征尺寸（或功能尺寸）。在装饰尺寸中，又要能分清其中的定位尺寸与外形尺寸。定位尺寸是确定装饰面与装饰物在家具视图上的位置尺寸。在平面图上需要两个定位尺寸才能确定一个装饰物的平面位置。外形尺寸是装饰面与装饰物的外轮廓尺寸，由此可以看出并确定装饰面和装饰物的平面形状和大小。

4. 通过设计图中的文字说明，了解家具对材料规格、品种、色彩与工艺制作的要求，明确结构材料与饰面材料的衔接关系与固定方式，并且结合面积作材料计划与工艺流程计划。

5. 各视图反映家具的不同面，但是都保持投影关系，读图时应注意将相同的构件或部件归类。

下面通过实例讲解怎样看家具设计图，见图 3-56。

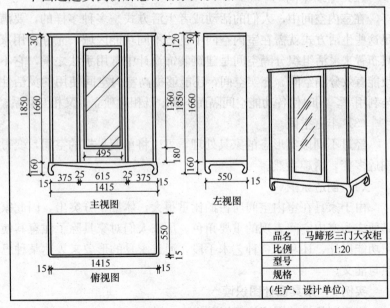

图 3-56　大衣柜的设计图

从上图中可以看出以下内容：

1. 该图是马蹄形三门大衣柜的设计图，比例是 1：20。

234

2. 左上方为主视图，左下方为俯视图，中间为左视图，右上方为透视图，右下方是该图样的标题栏。

3. 从主视图得知，大衣柜采用传统柜类设计，柜体正面分为三个柜门，正中门上有一个矩形穿衣镜，柜底采用亮脚处理。

4. 大衣柜总宽度是 1115mm，总深度是 550mm，总高度是 1850mm，顶板厚度是 30mm，柜脚高度是 160mm，柜脚宽度超出柜体左右各 15mm，顶板也采用相同的设计手法，左右各超出柜体 15mm。

5. 中间穿衣镜宽度是 495mm，高度是 1360mm。

实例 2：家具装配图识读

阅读家具装配图应注意以下方面：

1. 家具装配图与室内装饰装修图样稍有不同，因此要在基本看懂零配件视图的基础上来识读家具装配图。

2. 通过识读家具装配图，明确家具的名称和用途，掌握家具的立体造型特点。

3. 阅读装配图应着重观察立体图后半部的不可见部位与施工投影视图之间是否存在差别。

4. 仔细识读表达家具内部结构的图样，如各种剖面图及断面图等。

5. 由于住宅室内装饰装修所接触的家具装配图比较复杂，有与室内天棚、地面、墙面有安装结合关系的墙体家具，也有需要现场加工制作的各种单体家具。在清楚这些家具结构特点之后，施工人员可根据该家具制作的特点，先看家具的总体尺寸，接着看家具各个部件的安装尺寸，最后再看关键的零件尺寸。

6. 首先确定家具的主体空间形态，在心中掌握它的尺寸大小；然后再根据部件的装配尺寸，明确它在主体结构上的具体位置；最后再根据零件的尺寸，尤其是具有特殊造型零件的尺寸与造型特点，明确其接合方法及位置。

7. 根据图样的技术要求来掌握施工要点，在识图的过程中应仔细研读技术要求。

下面通过实例讲解怎样看家具装配图，见图 3-57。

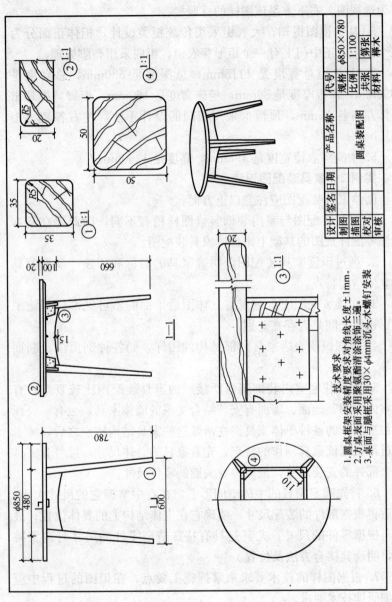

技术要求
1. 圆桌框架安装精度要求对角线长度±1mm。
2. 方桌表面采用聚氨酯清漆涂饰三遍。
3. 桌面与腿框采用30×φ4mm沉头木螺钉安装

产品名称		圆桌装装配图		
代号	规格	φ850×780		
	比例	1:100		
	共张	第张		
	材料	榉木		
设计		签名日期		
制图				
描图				
校对				
审核				

图 3-57 圆形餐桌装装配图

从上图中可以看出以下内容：

1. 这件家具是一圆形餐桌，它的图样绘制比例为 1：100。餐桌材质为榉木。餐桌有四条向下倾斜的方形桌腿以及下部略呈圆弧形的挡板。

2. 挡板下部弧线造型的尺寸标注表示在高度 100mm 的挡板上，画一条与挡板水平底线的两个端点相交的圆弧，其顶点距挡板水平底线 15mm，这条弧线为切削加工线。

3. 图样的技术要求如下：

（1）圆桌框架安装精度要求对角线长度±1mm。

（2）方桌表面采用聚氨酯清漆涂饰三遍。

（3）桌面与腿框采用 30×ϕ4mm 沉头木螺钉安装。

参 考 文 献

[1] 国家标准. 房屋建筑室内装饰装修制图标准(JGJ/T 244—2011)[S]. 北京：中国建筑工业出版社，2011

[2] 国家标准. 总图制图标准(GB/T 50103—2010)[S]. 北京：中国计划出版社，2011

[3] 国家标准. 建筑制图标准(GB/T 50104—2010)[S]. 北京：中国计划出版社，2011

[4] 国家标准. 建筑结构制图标准(GB/T 50105—2010)[S]. 北京：中国建筑工业出版社，2010

[5] 国家标准. 房屋建筑统一制图标准(GB/T 50001—2010)[S]. 北京：中国计划出版社，2011

[6] 李元玲. 建筑制图与识图[M]. 北京：北京大学出版社，2012

[7] 杜军. 建筑工程制图与识图[M]. 上海：同济大学出版社，2009

[8] 夏万爽. 建筑装饰制图与识图[M]. 北京：化学工业出版社，2010

[9] 孙勇. 建筑装饰构造与识图[M]. 北京：化学工业出版社，2010

[10] 张书鸿. 室内装修施工图设计与识图[M]. 北京：机械工业出版社，2012

[11] 郝强，赵秋菊. 建筑装饰制图与民用建筑构造[M]. 北京：中国劳动社会保障出版社，2009